我喜欢这样的自己

徐慢慢心理话　著绘

果麦文化 出品

序 爱自己，要从真实抵达深爱

爱自己
是去爱"身体力行"的自己

徐慢慢团队的第一本新书讲"了解自己，关怀自己"，而这一本，则是在了解自己的基础上进一步讲如何真实地"爱自己"。

这是一个很经典的心理学话题。

许多人的爱自己，容易陷入一个误区：他们爱的不是真实的、当下的自己，而是头脑中构建的"理想自我"。

咨询中，我有时会被来访者的一些执念所震撼。这些执念严重地与现实不符，因此可以说是一种幻念了。例如，希望自己是全世界最帅最美的，或能力最强的，或最善良的。

有位回避型人格的男士觉得，自己之所以处理不好人际关系，是因为自己太笨，智商太低，而其他人的人际关系之所以好，是因为"人人都是司马懿，人人都是诸葛亮"。在他的头脑里，有一个理想自我叫"人际高手"，他想爱的是这样的自己。

还有很多卓越但有强迫症的人，比如有位女士出身于富豪家庭，拥有令人羡慕的美貌，学历也极高。然而，她却常常感到自我厌恶，因为她意识深处认同：如果自己不够优秀，那就不配活着。

那么，这个"理想自我"是从哪儿来的呢？

我观察到，一方面是社会或者他人对你的规范：你应该是这样，你不能是那样。这是很容易被看到的因素。

另一个更隐蔽的因素，是头脑看到了"更好"的可能，于是拿这个去要求自己。这时候，你必然会陷入一种焦虑中。

什么是真正地爱自己？

我会说，是去爱那个"身体力行"的自己，而不是那个"头脑想象"的自己。

这个自己，或许不够优秀，但仍在努力；
这个自己，或许不够完美，但却有棱角、有血肉。

尊重这种真实性，并且活在体验里，是接纳自己的关键。

为何我们总在头脑剧场里彩排
但从未真正登台

许许多多的人，他们能精确描绘理想自我的每个像素，却始终活在自己的未完成时态。

这是因为人习惯活在"认知"的穹顶之下——这在一定程度上给了我们一些保护。

众所周知，我是一个摄影爱好者。

有一件发生在多年前的事。当时我一直想去广州的某个景点拍摄，却一直没行动。有一天，我决定要实现这个想法，刚开始收拾时，我就听到大脑中仿佛有个担心的声音在问：别人看到我拿着这么一堆重重的摄影器材，会不会觉得我很奇怪？

好不容易到达景点后，我又发现现场的喷泉坏了，这时大脑中又有个声音在说：没有喷泉会影响拍照效果吧。

各位可以看到，我总在头脑里彩排，其实是在维护我的自恋，想让一切尽善尽美，想让自己在别人眼里是足够"正常"、足够"好"的。

但当时觉察到自己的想法后，我还是耐着性子把照片拍完了，结果意外地发现成片效果还不错。也因此，我又对自己多了几分认可。并且，这种认可是发自内心的、深深的肯定。

可要像我这样，在感受到头脑的"全能"式自恋后，仍能让身体去行动，并不容易。

因为"全能"式自恋，会带来极高的"意志成本"，即"我产生一个念头，就要做到完美"，这容易让我们感到挫败，行动变得尤其困难。

这需要我们鼓起一些勇气,要像好父母那样,多鼓励、支持和呵护那个做事的自己;并且多用身体和感官,去跟他人和世界链接。

当真的这样做之后,我们会发现:
这个做事的自己也许是有限的、笨拙的、荒唐的,但与此同时,这样的自己也是可爱的。

在"爱自己"这件事上,体验和真实,会给你提供无穷的力量。

当你爱上慢慢来的自己
也就和自己构建了深度关系

徐慢慢团队的新书,名字叫作《我喜欢这样的自己》,并且在封面上有这样一句由衷的鼓励:
接纳自己的不完美,允许一切慢慢来。

这本书用了18篇心理咨询的漫画,来呈现18个真实的来访者的故事。

他们都有着自己的"不完美"——有喜欢在谈话时自我贬低的女孩,有觉得自己太懦弱、连糟糕的婚姻都无力舍弃的中年人,也有常见的"讨好型人格""回避依恋者""计划强迫症"。

在这些故事里,你会读到,他们是如何一步步放下头脑中的"理想自我",来逐步接纳和爱上身体力行的自己,哪怕这个自己只能慢慢来。

在我看来,"着急"是一种很强的负能量,但很多很多人,经常处在急切中。我有多位来访者,都会使用"急切"这个词来描绘自己。

例如,一位来访者,她没在做什么工作,按说时间非常宽裕,但她永远都处在急切中。哪怕只是平常走路,这种急切一样包裹着她。

她的体会是,好像真有一种外在力量,像鞭子一样抽打着她,可事实上这个外在力量根本不存在。后来在咨询中她也觉知到,拿着鞭子的是她自己。

可以这么说,要求自己快、对自己着急,这是一种很残忍的暴力。

而这种暴力,又会投射到外部,影响着我们与他人、与世界的关系。所以我们常常能看到,苛求自己的人,他的人际关系也好不到哪里去。

相反,如果一个人足够爱自己,足够爱还是"毛坯房"状态的自己,并且能真实地去触碰心灵的"毛坯房",它有些瑕疵,有些破旧,很多地方需要重新装修,但他仍然发自内心地接纳,愿意跟这么一个自己待在一起——

那么,他便有了一份能力,去爱真实的他人和世界。

这就是我经常讲的"深度关系"。
一切美好事物都是深度关系的产物,而若想抵达深度关系,就需要从真实开始。

邀请你一起翻开这本书，开启一段真实的爱自己之旅。

愿大家都能从真实抵达深爱！

人物介绍

徐慢慢

是一位貌美如花、勤勤恳恳的心理咨询师,也是一位成长中的妈妈和铲屎官。
温柔又坚定,感性且理智。努力和拖延并存。
希望能陪着你一起,慢慢向上。

老赵

徐慢慢的老公,程序员,兼职"家庭煮夫"。
随便活着一男的,但其实大智若愚,是徐慢慢的"精神充电站"。
目前是一名(常常空手而归的)钓鱼爱好者。

小航

慢慢和老赵的儿子,一个9岁小男孩。
活泼开朗,脸皮厚,
脑中装着各种天马行空的想法,
时常语出惊人。

弗洛伊德

一只4岁的小肥公猫(已绝育)。
品种:银渐层 + 橘黄串串
高冷,对人类不屑一顾,拥有不少"猫生"智慧。
后来因为一些意外,被迫练习当一个"男妈妈"。

目录
CONTENTS

PART 1
塑造积极的自我对话

01 慢慢来，允许自己停滞 002

02 永远不要贬低自己 013

03 成为自己的朋友 029

04 把自己重新养一遍 044

05 身体远比你想象中的更爱自己 060

06 不含敌意地表达自己的需求 074

PART 2

正视自己的情绪敏感点

01 不要刻意活成一座孤岛 089

02 理解陷入"消极"状态的自己 104

03 不要,也可以是一种选择 117

04 唤醒"保护自己"的能力 133

05 拿回自己的"主体感" 149

06 我喜欢这样丰富、立体、完整的自己 166

PART 3

相信自己是足够有力量的

01 去做一件能让你全身心投入的事　183

02 在好的孤独中找回自我　198

03 如何没有负担地"摆烂"　212

04 做发自内心认可自己的人　227

05 "我"比世间万物都要"大"　244

06 如何"具体"地爱自己　262

PART 1

塑造积极的自我对话

 **慢慢来，允许自己停滞**
学会照顾和怜悯自己，休息好了再出发。

嗨，我是慢慢，一名心理咨询师。

大家经常会给我分享一些心理困扰，有一类疑惑，我将之概括为——

"为什么改变这么难？"

有人拼命减肥，结果还是反弹，身体也出了问题。

有人想尽快升职，却屡屡受挫。

还有人学了心理学，想与原生家庭分离，却还是忍不住为父母操心。

出身贫苦的小澄，
长大后立志要富养自己。

她很努力地鞭策自己，
要多赚点钱，多提升自我。

最近，她却感到动弹不得。

周末也安排得满满当当：
攀岩课、冥想团体、
看各种心理学书籍。

小澄还给我看了她的手机备忘录，
上面有一个密密麻麻的行程表。

曾经的她——

白天高强度工作，
晚上到商学院上课，
中间还要抽空接女儿放学。

有次上课迟到了，
她立马在心里自我攻击。

"这点事都做不好，
以后你还怎么给孩子做好榜样？"

这种"自我鞭策"的模式，
让她获得不错的成果。

薪资涨得很快，
各种技能证书都考到了。

朋友圈里的人都很羡慕她。

小澄
感谢公司给我这个机会 🎉

3分钟前
大老板：真牛啊
小福：姐妹好厉害，家庭事业两不误👍

但在超负荷的运转下，
她的身体开始吃不消，
体检报告上出现了好几个异常。

她的内心也变得十分
紧绷、焦虑、疲倦。

直到某个阴雨天，
本该去上瑜伽课的她，
却躺在床上感到抑郁，动弹不得。

出发去上瑜伽课
出发去上瑜伽课
出发去上瑜伽课
出发去上瑜伽课

那之后，
小澄再也提不起劲儿去学习和工作。

她很不解：

明明自己的努力都得到了回报，
为什么反而坚持不下去，
甚至"精神瘫痪"了？

005

"我觉得你在外部世界的努力，已经足够了。"

"你有策略、有计划，还一丝不苟地行动了起来，真的很棒很棒！"

"但也许，在你内在的那个世界，你的'内在小孩'，需要的不是这些。"

"那她需要什么呢？"

"也许她需要的是'不努力'，她需要的是'不改变'。"

其实我们每个人都一样。

外在世界，
是一个"成年人"的世界。

当遇到问题或想要改变时，
需要付出努力和行动，
需要用头脑和身体去创造。

而内在世界，
则是一个"孩童"的世界。

**它是由我们成长过程中，
各种匮乏、不安的体验搭建起来的。**

这里，住着你的"内在小孩"。

在内在世界，
当我们渴望改变、期待成长时，
恰恰需要与外在世界相反的方式——

一种"不努力""不督促"的方式，
一种"不改变"的改变方式。

你的"内在小孩"，
需要你停止用理性思维去鞭策他，
他渴望被安抚、被允许、被哄着。

就像后来我给小澄的建议——

她不用去否认原先为了富养自己
所做的努力。

但在疲惫不安时，
在感受到苛责时，
在想躺平、破罐子破摔时——

请允许自己回到内在的世界，
给自己更多的爱和怜悯。

就像有天接了女儿放学后——

小澄本应该赶去上课，
但肩膀和腰部酸胀得不行。

这让她想起初中时，
为了帮父母收麦子，
常常一弯腰就是好久好久。

等到再次直起身时，
整个人痛得冒冷汗。

她犹豫了一会儿，
去了家附近的SPA馆，
舒舒服服地去按摩了一次。

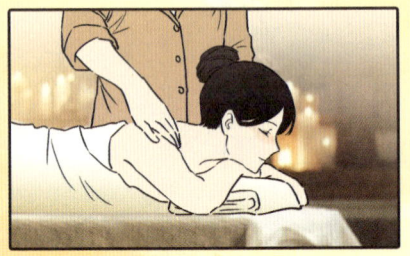

那节金融课，她迟到了半个
小时。回到座位后，她照常
听课，照常做笔记。

她发现，平时都是绷紧身体
上课，现在放松下来，反而
能够松弛有度地上课。

小澄突然觉得，
偶尔迟到一下，也没什么大问题。

那晚过后，她越来越能适应
内在世界和外在世界的
不同法则。

白天在职场上、在家庭里，
她还是会尽力而为，
为职业规划、为自我提升而奔忙。

但当休息时、疲惫时，
她也会像安抚孩子一样，照顾自己。

暂时不进步，没关系。
偶尔不努力，也可以。
学会照顾和怜悯自己，
休息好了再出发。

今天好好玩，谁也别想打扰我。

看到这里的你，
不知是否从小澄的故事里得到启发。

其实这种内部和外部法则的不同，
几乎适用于所有改变。

当你拼命减肥，却始终瘦不下来时，
这不意味着你用错了方法，
或是缺乏毅力，

而是在提醒你，
在每一次忍不住暴饮暴食的时候——

记得退回内在世界，
安抚那个不安的"内在小孩"。

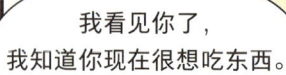

我看见你了，
我知道你现在很想吃东西。

你吃吧，不用勉强自己减肥，我允许你，我接纳你。

我知道你需要食物，
就像需要爱一样。

当你很渴望好好睡一觉，
却还是常常失眠时，

这并不意味着，你之前听白噪音、泡热水澡、运动消耗体力这些努力都是没用的；

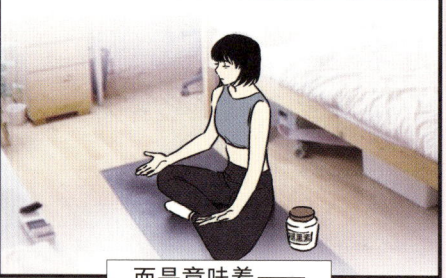

而是意味着——

你需要同时去倾听、理解和陪伴那个"不想睡觉的自己"。

我最近工作时太焦虑了，

白天我一直连轴转，
时间都是工作、家庭的。

现在这会儿，我才有时间做自己。

当你允许自己睡不着之后，
也许，睡意就悄然袭来了。

心理学教授申荷永曾说:

心灵的事,要慢慢来。

这说的,
其实正是我们内在世界的运行法则。

**它渴望
缓慢的、温柔的、允许的、
顺势而为的力量。**

当我们能够同时整合内外部的
方式、方法时——

在外,我们尽己所能地努力,
在内,允许偶然的不改变、
不进步、偷懒摆烂——

相信我,改变就会自然而然地发生。

愿看到这里的每一个人,
都能学会在内外部两个世界之间穿梭,

在它们之间找到一个甜蜜的平衡,
去创造从容、自得的人生。

从心理学的视角出发，个体的改变一般分为内外部世界的改变。

外部世界是"成年人"的世界，当遇到问题或想要改变时，我们需要付出努力和行动，要用头脑和身体去创造。

而内在世界是一个"孩童"的世界，它是由我们成长过程中各种匮乏、不安的体验搭建起来的。当渴望改变时，我们需要的是一种"不努力""不急于改变"的方式。

心理咨询师黄仕明曾说："在人类生命意识进化的进程中，有些事情的进展是如此缓慢，例如两性关系的问题——什么是亲密？什么是爱？如何去处理怀疑、背叛、伤害？……"

这些问题在每一代人、每一段关系中都存在着，而且它们并没有像科技发展那样日新月异，无法在短时间内就能获得巨大突破。

因为内在成长疗愈的过程，本就需要如此缓慢的进展。

内在的伤痛源于难以承受的、娇嫩的脆弱，它是不能盖上效率这顶帽子的。

就好比伤口被完全揭开，失去了保护，暴露于外界环境中，会愈合得更慢。

所以，越痛的伤越需要我们轻柔地接触，慢慢地超越。

永远不要贬低自己

告别习惯性"自嘲",建立正向的思维、语言和行动反馈体系。

嗨,我是慢慢,一名心理咨询师。

生活中,你是一个会"自嘲"的人吗?

我发现很多人都有这个习惯——

无论是来访者,还是我身边的家人、朋友、同事。

这么做,确实有一定好处,比如化解尴尬、制造话题等。

我印象最深的是,有次去参加一个初中同学聚会,

KTV 里,大家因为许久未见而面面相觑,场面非常尴尬。

……

直到一个男同学主动拿起话筒,用嘶哑的嗓子说:

我来开场吧，大家等会儿就会发现……

一开始我唱得不好听，后面就——

越来越难听了！

这话一出，一群人笑作一团。僵硬的氛围也得到了化解。

所以你看，自嘲常被视为一种谦虚、幽默、高情商的表现。

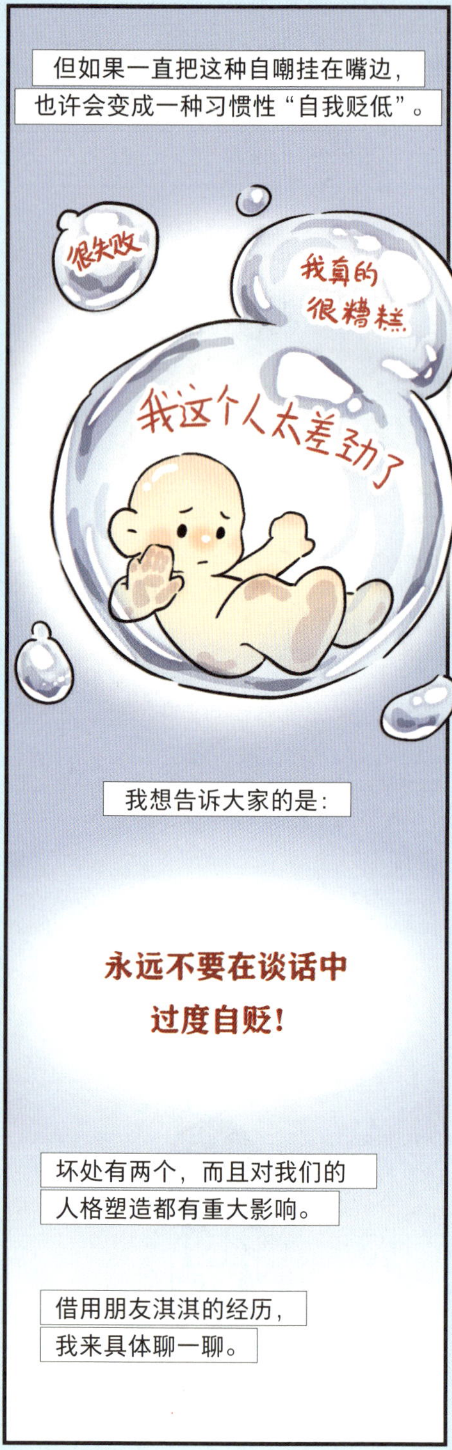

但如果一直把这种自嘲挂在嘴边，也许会变成一种习惯性"自我贬低"。

我想告诉大家的是：

永远不要在谈话中过度自贬！

坏处有两个，而且对我们的人格塑造都有重大影响。

借用朋友淇淇的经历，我来具体聊一聊。

淇淇是一个特别爱在聊天时，
强调自己缺点的人。

她出生于一个小山村，
父母很早就离异了。

母亲改嫁后，把全部注意力
都放在了新家庭上，
对她十分漠视。

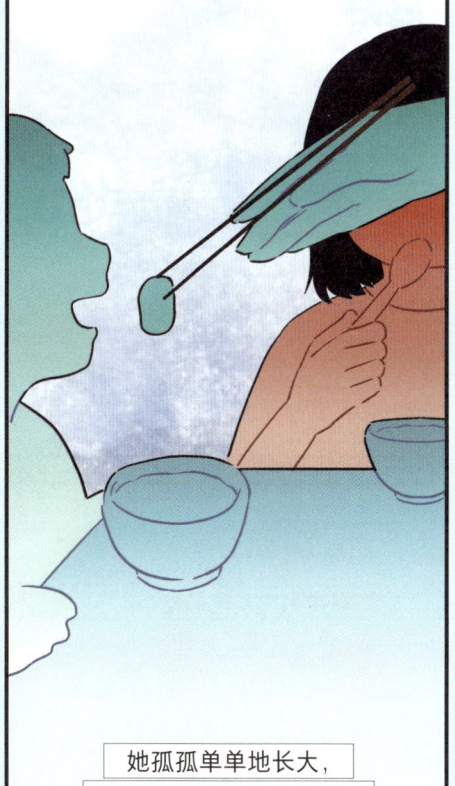

她孤孤单单地长大，
努力地考到省外的大学。

因为个子小、皮肤黑，
脸上的青春痘还没褪去，
再加上一口塑料普通话，

淇淇在大学时，
就开启了"自黑狂魔"的路线。

新生联谊的自我介绍环节上，
她说：

虽然我身高一般般，但浓缩的
可都是精华。

看到大家这么高我就放心了，
天塌下来有你们顶着。

和室友的日常相处里，
她也常常主动调侃自己。

我军训就不擦防晒霜了，反正我已经这么黑了，再怎么擦都没你们白。

工作之后，
这种自嘲的习惯变本加厉——

淇淇学会了用"暴露缺点"，
来给别人提供情绪价值。

听到朋友吐槽父母重男轻女时——

没事啦，我才是真正的没爹亲没娘疼，从小就缺爱。

工作会议上，
同事担心策划案做得不够好时——

放宽心啦，有我垫底呢，
我上次连数据表都做错了。

起初，
这种方式为她挣来了不少好人缘。

因为大家都能从她那里获得优越感，
或是寻得慰藉。

但慢慢地，
她发现别人越来越轻视自己，
尤其是在恋爱关系里。

有次和男友出门吃饭时，
两人发生了一些争执。

淇淇又主动使出了自嘲的招数，
来缓和气氛。

"好啦，是我的错，我控制欲太强了。"

"锁门确实是件小事，是我太小心眼了。"

她以为他会给台阶下，没想到对方却说——

"对啊，你就是拧巴又多疑！一点小事就斤斤计较。"

"好好的一顿饭，老子被你搞得都没心情吃了。"

随后他甩手离开，留她一个人呆坐在原地，难过又郁闷。

其实，这次矛盾的缘由，明明就是男友出门时忘了锁门！

后来的日子里，男友对她越发不尊重。

动辄挖苦她——

"真羡慕别人家的女朋友，你怎么连饭都做不好？"

"你看你穿的这什么衣服，土死了，我都不好意思带你出去了。"

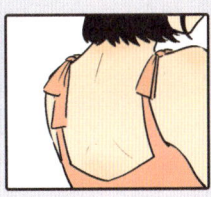

"改改你的性格吧，控制欲那么强，除了我，还有谁会要你？！"

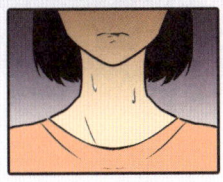

淇淇很不爽。

但脑海里又开始回放那些她自嘲的画面，让她无力反驳——

我笨手笨脚的。

我就是村里来的土包子。

我性格不好。

所以你看，这就是"过度自贬"的第一个坏影响——

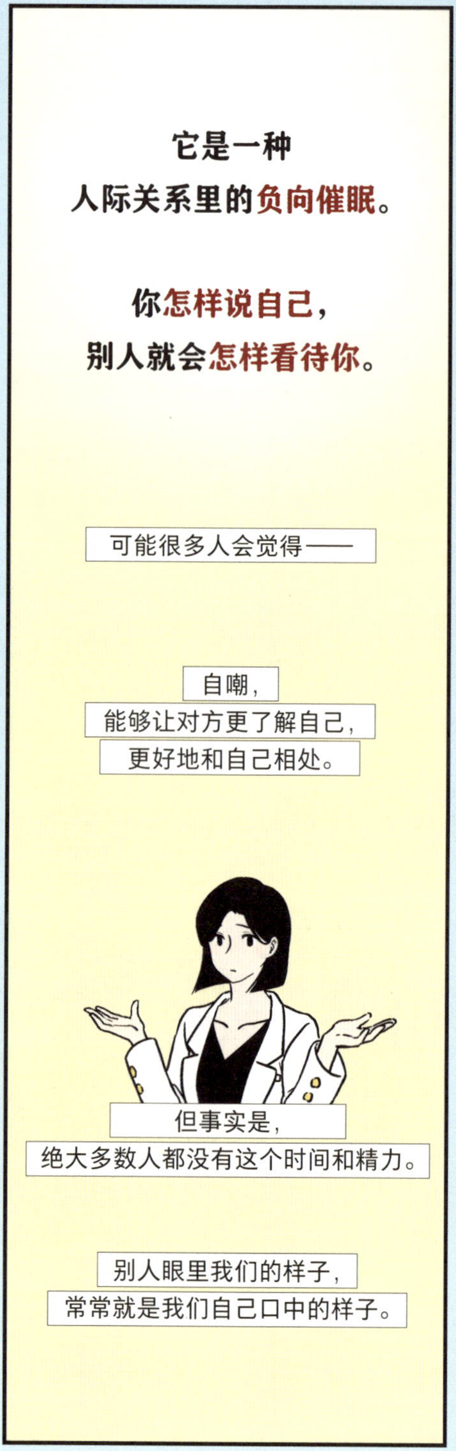

它是一种人际关系里的**负向催眠**。

你怎样说自己，别人就会怎样看待你。

可能很多人会觉得——

自嘲，能够让对方更了解自己，更好地和自己相处。

但事实是，绝大多数人都没有这个时间和精力。

别人眼里我们的样子，常常就是我们自己口中的样子。

~回忆~

就像淇淇,

她不断向同事强调"我很笨",
同事就会日复一日地接受这样的暗示,

直到真的觉得她蠢、能力不行。

放宽心啦,有我垫底呢,
上次我连数据表都做错了。

我感觉你真的有点脑筋转不过弯来。

怎么别人一下就能明白我的意思,你就总是不懂呢?

她反复在男友面前
提到自己的"多疑"和"控制欲强"。

男友并没有因此就看到
她背后的成长经历,去心疼她,

而是用她的方式来挖苦、批判她。

对啊,你就是拧巴又多疑!
一点小事就斤斤计较。

好好的一顿饭,老子被
你搞得都没心情吃了。

心理学上，有个词叫"破窗效应"。

放在人际关系里，它指的是一种不断纵容和默许别人打破我们底线的现象。

如果我们总是习惯性自嘲自贬，暴露缺点——

这种负面暗示，其实也是在打破自己的"窗"。

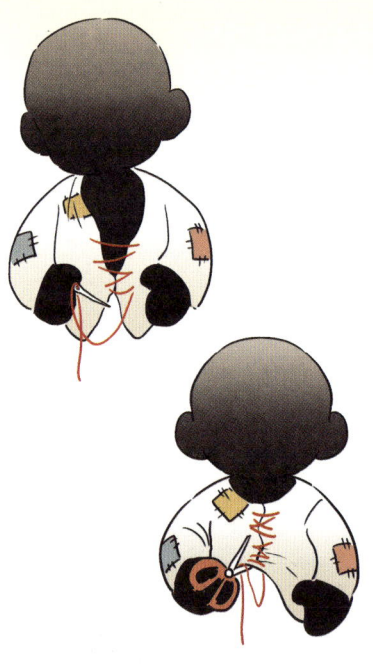

久而久之，我们就会在人际交往里，一点点地失去自己的力量和边界。

我要说的第二个坏处，是对于我们自身的。

人是一种会陷入**"自证预言"**的动物。

我们会**不自觉地**，往自己所说的样子**发展、深化**。

淇淇以前很喜欢调侃自己——"情绪不稳定""容易失控抓狂"。

后来淇淇停止了这种自黑，是因为觉察到——

她正在"让"自己变成她口中的样子。

021

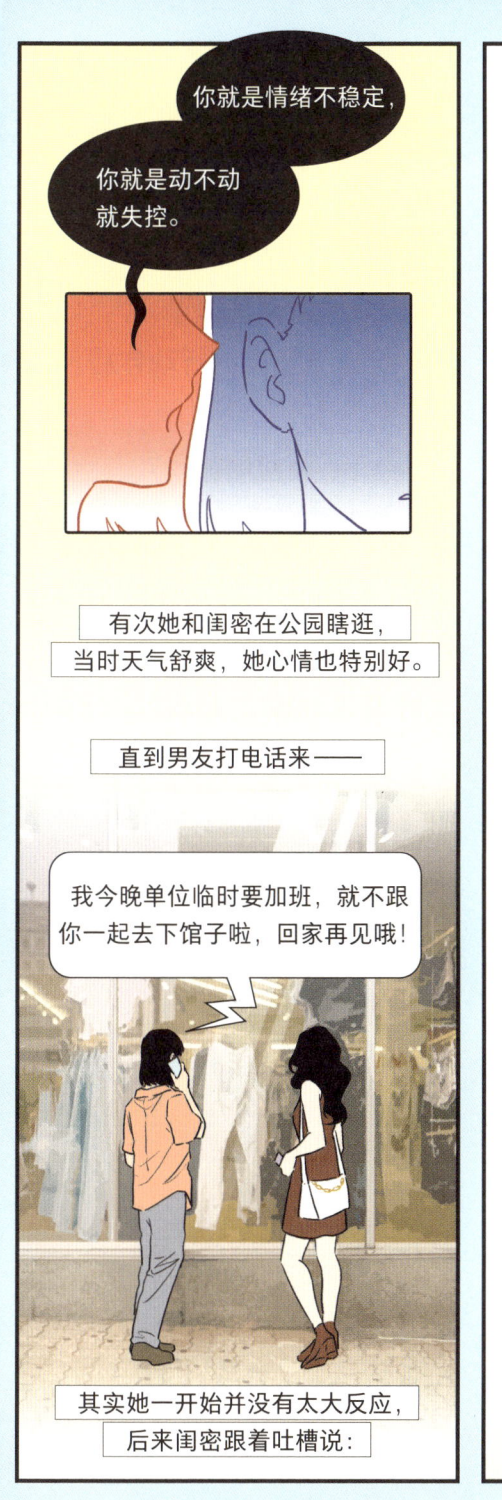

她是真的很生气、情绪波动很大吗?

并非如此。

但冥冥中就是有股力量,在驱使她去发脾气。

这其实正是"自证预言"的力量。

人是一种"自恋"的动物,为了印证我们所描述的自己,

我们会不自觉地在思维和行动上,来强化自己口中自己的样子。

正如神经语言学家迪尔茨所说:

"
负向的语言,
会带来负向的思维认知。

负向的思维,
会带来负向的行动体验。

负向的行动,
会带来负向的人格塑造。
"

当你常常在交谈中妄自菲薄时,也许你就要警惕了。

当然啦,我们也要理解自己——

为什么我们总是习惯性地在谈话时自我贬低?

那是因为,我们也是能从中获得"好处"的。

NO.1

首先，它是一种**自我防御**。

很多人的自嘲，
都是为了防止"他嘲"——

先主动暴露自己的不足，
来消除被他人揭短时所带来的窘迫。

大白话就是——

> 我都这样怼自己了，
> 你们总该无话可说了吧。

> 我军训就不擦防晒霜了，
> 反正我已经这么黑了，
> 再怎么擦都没你们白。

NO.2

其次，在沟通中自我贬低，
常常能够获得一种
"他人对弱者的情感体恤"。

来访者小文，
因为过度讨好的习惯找到我。

在和我交谈时，
她总是不断地强调自己
这里不对、那里不好。

> 我觉得我真的有很大的毛病。

后来，我打断了她的自说自话，
也停止了对她的附和。

她却很不高兴，觉得我不理解她。

023

难道你不觉得，我一直在被别人的评价影响吗？

都这么惨了，你还不让我说下去，你一点儿都不同情我。

我并没有不理解你，我只是观察到你很沉溺于这种寻求理解和慰藉的氛围。

也许这是你需要的，但如果你希望改变……

我们可以试着从这种氛围里跳出来。

其实我们每个人都一样，

当一个处于低位、弱势的人，可以获得一些同情、理解和关怀。

但这并不是健康的、可持续的。

就像我前面说的：
一方面它会让我们的人际关系失衡，另一方面也给人格塑造带来了负面的能量。

看到这，可能有人会问：

难道我们要假装自信，夸大自己吗？

那样会不会太膨胀、太自恋了？

其实我想鼓励大家的是，在谈话时**不卑不亢**就可以了。

那么，要怎么做到不卑不亢呢？我有两个小方法想分享给大家。

方法一

在对话时，我们要尽量多使用"**描述性、情境性**"语句，而非"**定义式、标签式**"语句。

就拿前面淇淇说自己"控制欲强"的例子来说吧。

当她想向男友表达这件事的时候——

❌ 我是个控制欲旺盛的人，我是个控制狂。

✅ 我在你忽略我的信息时，会感到很不安，很害怕你不爱我了。

所以我会不断发消息打电话，来确认你还在。

发现它们的区别了吗？

生而为人，我们难免有瑕疵，无法做到时刻完美。

但在与他人交谈时，我们可以尽量把想说的事情具体化、情境化。

因为你此时此刻此地是这样，不代表着你一辈子都是这样。

025

方法二

学会用"虽然……但同时"
塑造积极的自我对话。

不少心理学研究表明：

容易在别人面前挖苦自己的人，也会习惯性地在心里进行消极的自我对话。

所以我鼓励大家，在遇到不好的情况时——

学会用"虽然……但同时"的句式，来挖掘出积极之处，重塑内在对话。

比如，当淇淇与朋友发生矛盾，总是下意识逃避时——

我真是懦弱，老是逃避问题。

现在，她会练习告诉自己——

我虽然没有直面沟通，

但同时我避免了矛盾的加剧，给了彼此平缓情绪的空间。

我们每天都可以试着做这样的小练习，有时你不一定能挖掘出优势视角，

但只要有这个意识，
我们的内在就会一点点地汲取能量。

在饱满的内心能量下，
我们与外界的关系，
也会慢慢变得松弛、从容。

最近看到一句很喜欢的话——

最舒服的人际关系，是构建出"你行，我也行"的氛围。

既无须贬低自己，来抬高他人；
也无须强装自信，来碾压他人。

最终我们会发现：

我们越是能带着鲜活、
真实的自己去享用关系，
关系就越是能反哺自己、
滋养自己。

有个心理学概念叫"破窗效应"，大意是人都有一种倾向，对那些易错的、易被破坏的、负面消极的事物施以更多的破坏。这在本篇漫画的主题里也同样适用。

我们习惯于自嘲、自贬的行为模式，跟从小到大接受的教育密不可分：很多人都是在一种"要谦逊、要守拙"的规训里长大的，有的人甚至还被教导不允许在人前显露自己，或是要刻意贬低自己。

这种规训所谓的"好处"，是合群、不招来嫉妒和避免"枪打出头鸟"。

但正如我们本期漫画想传递给大家的：

在谈话里过度贬低自己，会产生一种"破窗效应"，让别人更加轻视自己。它更是一种负向催眠——让自己变成口中所说的样子。

在我们的生活中，与他人的谈话是重要的组成部分。如果总是自我矮化，那么从我们选择的视角，就会更多地看到那些糟糕的自我的部分，我们的思维也会无意识地自我攻击。

语言，认知，行动，"自我贬低"就像多米诺骨牌一样，把我们带向糟糕的方向。

所以从此刻开始，试着在对话时有意识地减少那些自我贬低的话语吧。

03 成为自己的朋友

用健康的归因代替"有毒"的归罪，会让我们走得更远。

嗨，我是慢慢，一名心理咨询师。

之前的漫画里我们聊过——

在传统的教育文化里，总是强调"凡事在自己身上找原因"，这会让我们陷入严重的内耗中。

对此，也有很多人提出疑问。

不找自己的原因，难道要一味埋怨别人吗？

不反省自己，怎么会进步呢？

这让我想起武志红老师在《把事情做好》的课程里分享的观点——

很多时候
我们不是在归因，
而是在归罪。

无论是归罪自己，
还是归罪他人，
关键都是要找到一个"罪人"。

武志红老师分享过一个很经典的案例——

一对父母来找咨询师，说他们的女儿读书出现了问题，甚至干脆休学了。

在咨询的过程中了解到，这对父母在对待女儿学习这件事上，一直在粗暴地"归罪"。

好好的学不上，谁家小孩跟你一样啊？

真不知道你发什么神经！

这种"归罪"的习惯不仅无法带来进步，反而会让我们陷入无力和内耗中。

当女儿的成绩不尽如人意时，父亲就会劈头盖脸地辱骂甚至殴打她。母亲则习惯一把鼻涕一把眼泪地哭诉。

你真是太让我失望了……

在他们的亲子关系里，并没有一个空间先去容纳女儿的挫败，然后再带着女儿一起去做客观理性的分析。

这次考试是不是没有留足够的时间看大题呀？

没关系，下次你可以把时间分配均匀一点哦。

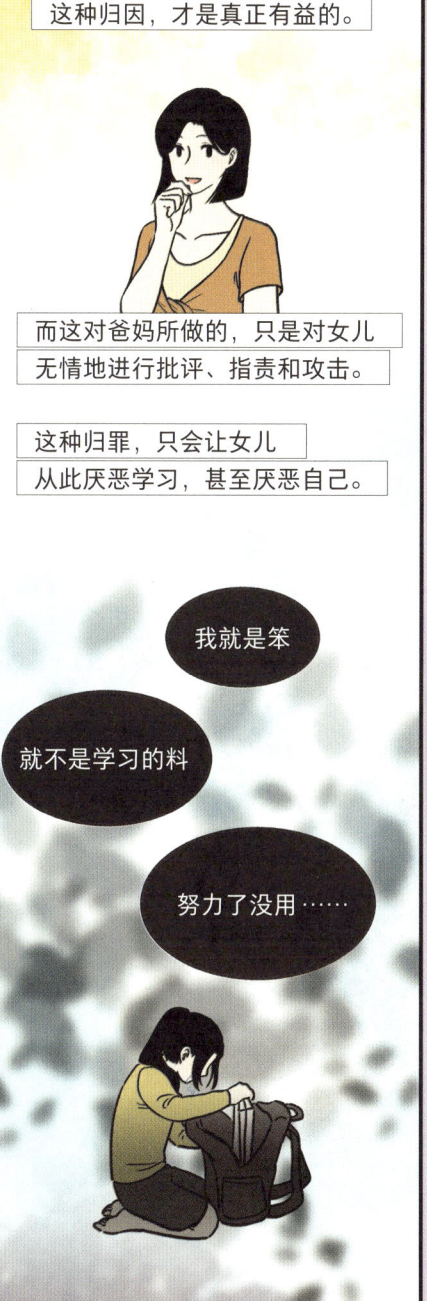

现实的问题是什么，我们可以对此做什么改进，这种归因，才是真正有益的。

而这对爸妈所做的，只是对女儿无情地进行批评、指责和攻击。

这种归罪，只会让女儿从此厌恶学习，甚至厌恶自己。

我就是笨

就不是学习的料

努力了没用……

更讽刺的是，经过咨询，父母终于了解到，他们的做法是错的，于是又掉转枪口，开始指责和攻击自己。

唉，我命真不好啊，一定是造了什么孽，孩子才这样……

都怪我，怎么可以打骂女儿呢！真不是人！

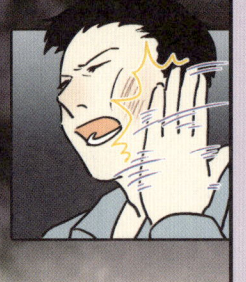

一开始，他们把女儿当成罪人，想通过批斗女儿来解决问题。

笨蛋

粗心

没用

偷懒

后来知道这样没用，他们又把自己当成罪人，开始批斗自己了。

丢脸

暴力

不会教育

无论是"都怪你",还是"都怪我",
实际上都是反省的逻辑,
不是健康的归因。
而是有毒的归罪。

这只会带来严重的羞耻感,让我们在问题面前,失去主观能动性,除了逃避,什么都做不了。

那我们要怎么去觉察自己是在做有毒的归罪,还是健康的归因呢?

我想分享两点,帮大家做一下区别。第一个不同——

**有毒的归罪,
让人一味地纠结于过去。**

**健康的归因,
使人着眼于现在和将来。**

读者小元曾经跟我分享过一段经历——

去年她和朋友阿怡加入了一个微商组织,两人前前后后各投资了3万多块钱,当上了"代理"。

三个月我就……

后来这个微商被查出卖的是"三无"产品，还涉嫌传销，她们投进去的钱全都打了水漂。

张姐

张姐，我们的钱什么时候能还啊

消息已发出，但被对方拒收了。

张姐？

消息已发出，但被对方拒收了。

小元后悔又自责，一遍遍地揪着过去那些做得不好的部分。

如果我没有加那个微商的微信……

如果当时听我姐的话就好了，真是一孕傻三年……

这些思绪缠绕在一起，让她越想越痛苦。一看到家里囤的那些"三无"产品，她就恨死了自己，连饭都吃不下。

唉，我没胃口，你们吃吧。

就在她消沉抑郁的这大半年，同样被骗的阿怡，却早早收拾好了心情，该吃吃，该喝喝。

阿怡
打卡网红小吃😋😋😋

1小时前

小元很惊讶，阿怡怎么可以心这么大呢？还是因为她不缺钱，所以一点儿都不难过？

直到有次两人谈心，阿怡打破了小元的困惑。

其实我也很心痛很后悔，每天都忍不住检讨自己。
但后来我想，事情既然已经发生，也只能接受了。
既然后悔也没用，不如就当多收集一份人生经验啦。
阿怡的话，给小元带来了很大的启发。
是啊，要走出被骗的阴影，对谁来说都不容易。
但自己反思的焦点，一直放在过去被骗的每一个细节，幻想“要是一切没发生”就好了。
也因此，自己没办法思考出什么新的东西来……
我真的是不长脑子啊……
而阿怡也会自我检讨。
但她会把过去的经历当成一种经验，更多地思考——
现在我能做点什么，
未来我要警惕什么？
比方说，她在反思过后，第一时间在老公的陪同下报了案。

比方说，她提醒自己，以后不要盲目相信投资宣传，至少要先做好背景调查。

这才是健康的归因。

先认清过去既定的事实，不因为羞耻感而寸步难移。

再把自己的力量聚焦于现在和未来，想办法去减少损失、扭转局面。

"吃一堑长一智啦！"

第二个不同——

有毒的归罪，常伴随着自我攻击。

健康的归因，则是基于自我关怀。

以前我的反思流程，通常都是：

发生了不好的事
↓
揪出自己的问题
↓
把自己批评一遍
↓
警告自己不能再犯

但这样做，是有"副作用"的。

每次反省时，我心里总会涌出鄙视自己的情绪，也因此，精神状态会持续低落。

比方说，好几年前，小航还在读幼儿园的时候，有天下午，我因为工作忙，忘记去接孩子。

> 小航妈妈，你们怎么还没来接孩子？

> 不好意思老师，我现在就过去。

等到我赶去幼儿园时，班上的小朋友都走光了。

只剩小航一个人，孤零零地玩着积木。

回家的路上，我先是揪出自己忘性大的毛病，再不停地责骂自己——

> 这点小事都记不住，怎么当妈的！

> 小航一定很受伤吧，都怪我……

后来整整一个星期,我一直在反刍。这种自我厌恶不仅影响了工作,还让我一看到小航就想逃避。

妈妈,周末带我去划船嘛!

妈妈怕又忙忘了,让爸爸陪你吧。

后来,我跟我的治疗师聊到这件事。

明明反思是为了让自己变得更好,为什么我却更痛苦了呢?

她点了点头,说:

也许是你在反思的时候,把自己当成了敌人。

想想看,如果同样的事发生在你的好朋友身上,

你会怎么引导她去复盘,吸取教训呢?

我会先安慰她:发生这样的事并不是她故意导致的——

忙起来确实会忘事,而且这事儿老公也有责任。

不过以后,可以先跟老公商量好接孩子的时间。

讲完的当下，
我的心里有种豁然开朗的感觉。
以前我反省时，
习惯了把自己当成敌人来攻击。

> 我真是个失败的妈妈。

这么做，短期内或许能有改变，

但长期来看，
反而会让我们陷入无助的状态。

> 妈妈做不好的，你找爸爸吧！

而健康的归因，
则是看见自己在某些事情上的不足，

但不会把这些"不足"，
无止境地延伸到整个人——

而是，理解和接纳自己的局限性。

> 这样的事不是你故意导致的，
> 忙起来确实会忘事。

> 再像关心朋友一样，
> 鼓励自己去总结经验、做出改善。

> 跟孩子认真道个歉。

> 以后，可以先跟老公商量
> 好接孩子的时间。

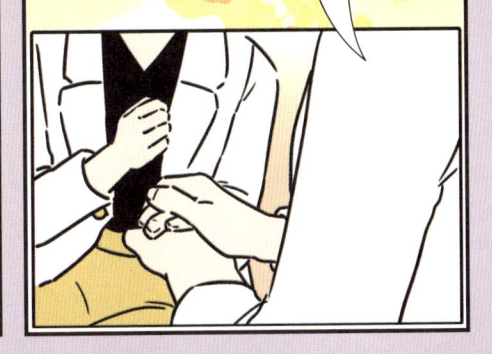

心理学上有一个概念，
叫"习得性无助"。

很多人一犯错、一遇到挫折，
就会陷入无力的状态，
都是源于对自己过分严苛的反省。

只有学会这种健康的归因，
才能让我们在总结经验的时候，
不陷入自我否定。

最后，我想分享一句很值得思考的话，是阿兰·德波顿在《哲学的慰藉》里写的：

"你问我有哪些进步？
我开始成为自己的朋友。"

我们习惯做"归罪"还是"归因"，
其关键就在于——

你是在做自己的朋友，
还是在做自己的敌人？

愿大家在变好的道路上，
都能先成为自己的朋友。

**对自己的苛责越少，
给自己的关怀越多，
你就会发现，
这条路走得越轻松。**

哲学教授刘擎分享过一个金句，在网络上广为流传：
未经反省，人生是不值得一过的；
但过度反省，人生是过不下去的。

这个自我反省的度，到底在哪里？借用《非暴力沟通》一书里心理学家马歇尔·卢森堡的观点，我们可以总结为两个维度的内容：

一是，少评判自己，多尝试"描述性"的自我对话。
比如在工作上错失了一个机会，我们可能会事后反刍：
"我怎么不主动点？我真的没救了，赚不到钱也活该！"
而描述性的语言则是：具体做了什么+感受+改进。
"我比另一个同事迟了两天才给领导发的邮件。"
"一方面是犹豫了，另一方面也是想多做点准备。"
"下一次我可以先跟领导表达意向，再跟领导多要两天准备！"

二是，多关注此时此刻，少翻自己的旧账。

很多人一遇到挫折，就会陷入内耗，把过去自己搞砸的事一件一件翻出来：

"我以前读书的时候就这样，老师也说过我。"

"每次开会，我发言也磕磕巴巴的。"

甚至会把过去犯的错，跟现在的困境混为一谈。

当我们被负面体验吞没时，只会让自己更容易放弃，什么也做不了。自我反省，是为了让自己更好。那么，这个过程的前提也应该是：

"此时此刻，我的感受是不是好的？"

04 把自己重新养一遍

"解绑"旧的情绪模式,倾听"内在小孩"的声音。

嗨,我是慢慢,
一名心理咨询师。

在之前的漫画里,
我们多次提到了"内在小孩"的概念。

有很多读者问我:
为什么我的"内在小孩"总是长不大呢?
我要怎么做,才能重新养育"内在小孩"呢?

每次听到这样的提问,
我都很想抱抱大家心里的那个小孩。

在我看来,
"内在小孩"之所以无法长大,

常常是因为他被过去的
经历、旧的模式绑住,困在了原地。

比如说——

小时候生活得很困顿的人,
长大以后,
再富足的生活,也无法安心享受。

我不能过好日子……

不安

小时候经常被否定的人，

长大以后，即使很优秀，
也还是觉得自己一无是处。

我真没用……

小时候被抛弃过的人，

长大以后，无论对于多稳定的关系，
都会没有安全感。

你为什么不理我！

而重新养育自己，
就是一个识别旧模式、
解绑旧模式的过程。

我想分享来访者米奇的经历，
透过她的故事，

或许大家也可以看见
自己的"内在小孩"，
找到重新养育自己的方式。

米奇找到我的时候，
正在反反复复经历着"暴食"的折磨。

她身板小小的，一天却能吃上四五顿，
油的、甜的、辣的，来者不拒，
吃完正餐还要再来一个蛋糕。

但每次吃完，她都懊悔不已，
只能偷偷去洗手间抠喉咙，催吐。

久而久之，
她的指关节都被牙齿磨出了瘢痕，
甚至出现了食道反流。

几年前，我去看医生。

医生给我开了控制食欲的药，
也帮我制订了健康的饮食计划。

但过了一段时间，
还是会复发……

我发现，无论吃多还是吃少，我都忍不住想去催吐。

一想到有多余的食物，
残留在我的身体里，
我就害怕……

046

你在害怕什么呢?

我害怕……害怕这些食物会让我变胖。

我会胖成猪,会被人嘲笑,再也没有人会喜欢我了……

米奇说,这么多年来,她每天都要上秤三次,确保自己没有变胖。

有一次发现自己莫名其妙地重了两斤。

走下体重秤的瞬间,她蹲在地上开始大哭。

我不要变胖啊!
我不想回到从前的样子!!!
我不要别人叫我胖妹!

号啕 大哭

她开始回忆自己到底多吃了什么,狠狠地骂自己为什么不节制。

甚至一气之下,把衣柜里的短裤和吊带都丢掉了。

胖两斤就会胖四斤、八斤……
再穿这些衣服，又要被他们笑话了……
“以前”是指什么时候？“他们”是谁呢？
我的这个提问，
戳中了米奇创伤的深处。
原来，
米奇从小就是一个肉乎乎的女孩子。
周围的伙伴常常“胖妹胖妹”地喊她，
逗她玩儿。
这让她很不高兴。
嗨，小胖妹！
上了初中，
身边很多女孩子都开始发育，
变高变瘦，
而她脸上的婴儿肥
却迟迟没有退去。
她依旧是肉乎乎的模样。

"米奇，你比其他女生胖，可不能吃零食。"

"不发给你是为了你好，哈哈哈！"

那会儿正值青春期，女生的心思开始变得更加细腻、敏感，

也更加在意自己的外表。

更令她难受的是，她有一个苗条的姐姐，

大她两岁，从小形影不离。

亲戚邻居来家里做客，总是会拿她俩作比较。

同学们嘴里蹦出的一声声"胖妹"，给她起的一个个关于"胖"的花名，都是那么刺耳。

那些话宛如针尖一般，扎在她不算纤细的手臂和大腿上。

"姐姐比你瘦这么多，是不是肉都被你抢去吃啦？"

姐姐比较苗条，穿这个小裙子应该很好看。

……

为了摆脱"胖"这个评价，

过去的 20 年里，米奇节食减肥、运动减肥，还试过"三无"的减肥药。

一直想找到一个方法，让自己拥有纤细的身材，

希望自己也能得到周围人的喜欢和肯定。

我不能胖！

一旦我胖了，就会被别人笑！被别人嫌弃！被别人比下去！

听你的描述，这种"不够瘦就会被嫌弃"的感觉似乎很强烈。

是啊，这种恐惧一涌上来，几乎要把我淹没……

虽然成年后的她通过各种方式，努力变成了苗条的模样，

也得到了她想要的认可——

你这么瘦，穿这个肯定好看啦！

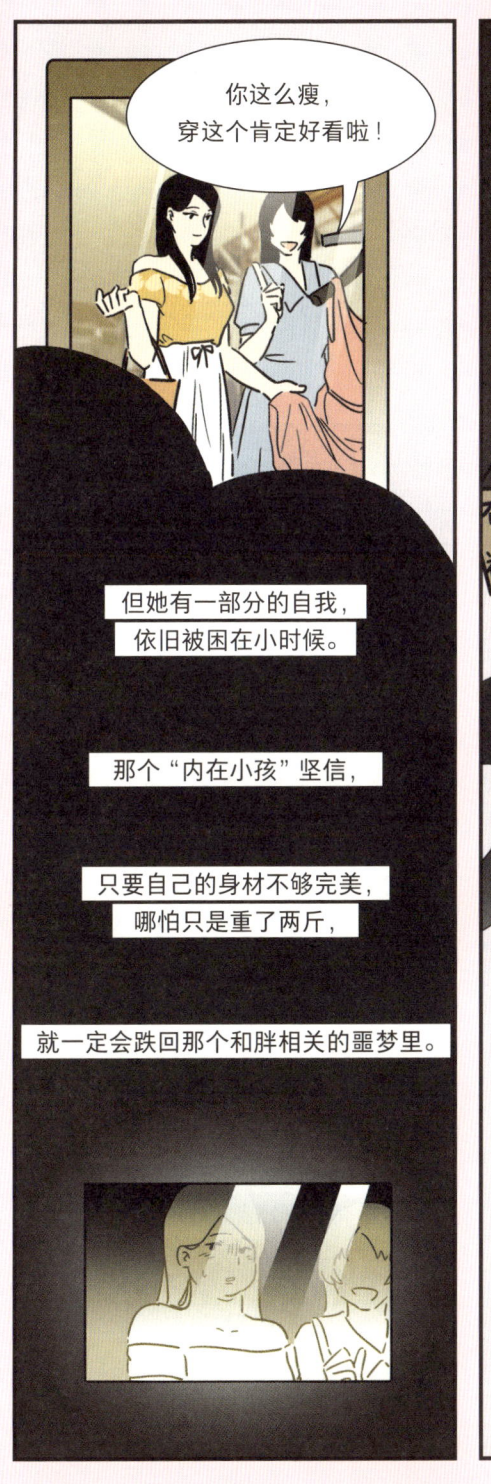

过去那些嘲笑、嫌弃和否定，就一定会重新扑过来，把她淹没。

但她有一部分的自我，依旧被困在小时候。

那个"内在小孩"坚信，

只要自己的身材不够完美，哪怕只是重了两斤，

就一定会跌回那个和胖相关的噩梦里。

这对心里那个弱小的孩子来说，简直就是灾难性的后果。

这份困住她的恐惧，
就是我们前面提到的"旧模式"。

觉察到这个旧模式的存在，
也看见它是如何形成的，

是我们"给自己解绑"的第一步。

此刻，站在成年人的视角，

连米奇自己都觉得，
这个旧模式的逻辑并不缜密，
甚至有点荒谬。

但就是这个"不缜密"的逻辑，
把她死死困住，

甚至让她不惜做出暴食、催吐等
自我伤害的事情。

我想说，
这并不意味着成年后的她太没用，

或者她心里的"内在小孩"太幼稚，
不肯长大。

旧模式的背后，
是她一次次受伤的经历，
以及没有被好好安抚过的情绪。

这些情绪拉力太大了，
才会让她反复折返。

米奇说，发现自己胖了的那一瞬间，她先是"愤怒"，愤怒到头脑发热。

> 我怎么又胖了！！瘦两斤这么难，怎么胖起来这么容易？！

所以，"给自己解绑"的第二步——

是去觉察自己被困住时，有什么样的情绪。

她太生自己的气了，气自己一点自制力都没有。

> 唉，周末部门聚餐，又胖了两斤！

> 我好焦虑……这两天又开始催吐了……

> 还留着这些短裤、吊带做什么，丢人！

当你看到体重秤上的数字增加了，是什么情绪呢？

接下来,她开始陷入"恐惧",

她害怕身边的人会发现她变胖,
又会开始笑话她、不喜欢她。

笨蛋大猪蹄

宝贝!明晚要一起吃饭吗?

我去接你下班~

啊……

还是算了吧

我状态不好,过阵子再见面……

之后,
"悲伤"的情绪涌了上来,四处蔓延。

过去被否定、被嫌弃的回忆,
又开始浮现。

我鼓励米奇,
不要去压抑和否定这些情绪,
而是允许它们存在,让它们流淌出来。

慢慢地,我们会减少和旧模式的对抗,
少一些痛苦,多一些平和。

这样,我们才有更多的力气
给自己解绑。

"给自己解绑"的第三步——

我建议她从旧模式往外走一步,
带着好奇心,去观察真实世界的样子。

比如,胖了两斤,
真的会招来旁人的嘲笑和嫌弃吗?

我们来回忆一下，
你胖了的这几天，身边有人笑你吗？或者说你什么吗？
嗯……好像也没有，也可能是他们看在眼里，不说呢？
那有没有一些攻击你的行为发生呢？
也没有……
我跟我男朋友坦白，我管不住嘴又胖了。
他却夸我说，胖一点看起来气色更好。
那你有什么感受呢？
我心里似乎多了一点安全感，也没有那么生自己的气了。
每一次在现实世界里，
发现和旧模式不同的地方，
我就会让她具体地记录下来：

现实发生了什么?
跟她担心的有什么区别?
她的情绪又有什么变化?

这样的记录,
帮助她一点点积累下新的经验,
一点点帮她松开旧模式的绳索。

或许,
长胖一点也不会怎么样吧?

当然,在"给自己解绑"的过程中,

旧模式总会时不时地闪现,
一下子就能占领我们的头脑,

毕竟我们太熟悉它了。

你吃太多了
快去洗手间吐掉!

听到了吗?
不然你会胖的,
胖了就会……

没关系,允许它的存在,
但可以试着跟它说:

"我听到了,但你的担心只是想象,并不是事实呢。"

在这一步一步的反复练习中,
捆绑住我们的旧模式
会一点一点松开,

我们的"内在小孩"
也会慢慢获得自由呼吸、
自由成长的空间。

米奇"给自己解绑"的练习仍在继续。

看到这里,如果你发觉自己——

想成长,却总是自我妨碍,
想变好,却总是重复糟糕的过去——

或许,你心里也有一个"内在小孩",
被旧模式困住了。

那个"内在小孩"的心底,
有一些创伤、一些情绪,
从未被好好安抚过。

想要重新养育自己，
让"内在小孩"长大，

我们需要去觉察旧模式，
去安抚好它背后的恐惧。

然后，勇敢一点，
从旧模式的圈套里跳出来。

我很喜欢李松蔚老师说过的一句话：

"
成长就是无数个纵身一跃。
"

对受过伤的"内在小孩"来说，
纵身一跃很可怕，

极有可能会摔伤。

但成年之后的我们，
可以一次一次去练习，去体验，

去积累足够多新的经验，
去笃定地告诉心里那个小孩——

**别怕，纵身一跃，
你也能稳稳落地。**

"内在小孩"这个心理学概念，起源于卡尔·荣格提出的儿童原型。它指的是由养育早期所留下来的创伤经验、匮乏或恐惧组成的某种内化的信念。

要觉察到我们的"内在小孩"，并不是一件简单的事。

很多时候，他不一定会以很可怕、很严重的样子存在，而更可能是很日常的细节。

比如有人会因为"过年回老家"这件事，提前焦虑大半个月。在他的想象里，可能有这么个逻辑困住了自己：

过年不回家→父母会对我失望→我很糟糕

这种固化的认知，常常要被新的体验覆盖后，才得以消解。比如当他因为买不到票回不了家，发现所担心的事没有发生时——

过年不回家≠父母会对我失望≠我很糟糕

在解绑旧模式的过程里，我们才能慢慢看见"内在小孩"的伤口，听见"内在小孩"的哭声。

去抱一抱他，告诉他：

现在我长大了，我可以陪伴你、保护你了。

05 身体远比你想象中的更爱自己
学会觉察和尊重自己的情绪与感受。

嗨，我是慢慢，一名心理咨询师。

最近在各大网络平台上，有一个心理学名词被讨论得特别多——

"**躯体化**"

在做心理咨询的过程中，不少来访者都分享过类似的经历——

每天早上起床总想干呕，去医院却老检查不出原因。

每次一有大事要做，我的身体就会提前出问题，头疼，肚子疼。

完了，今天面试可咋整？

婆媳矛盾让我气出了乳腺结节，跟婆婆分开住之后，结节立马就散了！

这些并非由生理性疾病引起，

而是因为内在的情绪或心理症结，才出现的身体病症，就是"躯体化"。

央视新闻也曾发布过一条这样的微博：

头疼胃疼
找不到病因可以去看精神科

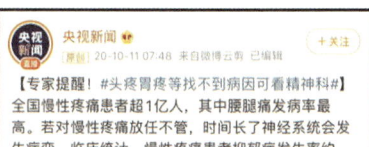

【专家提醒！#头疼胃疼等找不到病因可看精神科#】全国慢性疼痛患者超1亿人，其中腰腿痛发病率最高。若对慢性疼痛放任不管，时间长了神经系统会发生病变。临床统计，慢性疼痛患者抑郁症发生率约30%。专家提醒：如出现头痛、胃痛、腰背酸痛等疼痛，一时查不出病因时，不妨到精神科进行检查。#世界镇痛日# 央视新闻的微博视频

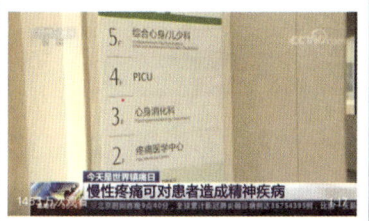

为什么我们的情绪问题会攻击身体？它们是如何攻击的？我们又该如何去觉察和疗愈？

我想分享三个有代表性的小故事，来跟大家一起探讨。

* 本篇仅提供一个躯体化的心理学视角，生理性疾病请积极就医。

NO.1

被压抑的哀伤

会让一个人失声

多年前，我的督导分享过一个让我印象深刻的案例。

来访者是一名17岁的高三男生，小渊。

某天早上，小渊被自己的咳嗽声吵醒，自那之后便咳嗽不断。

原以为只是学业压力导致的感冒，
他便一个人找了药吃。

结果吃了很久都没好，病情发展到后面，
甚至出现了"失声"的症状。

> 小渊，你怎么了？

他想张嘴说话，却发不出声音，
只能感受到喉咙里的呜咽。

父母带他去各大医院检查拍片，
都没能查出真正的病因。

> 你们看这块，
> 声带是正常的，没有受损。

> 辗转找到精神科医师才发现，
> 根源是他家狗狗前阵子去世了。

> 这只他在小区领养的的田园犬，
> 父母一直很嫌弃，
> 但拗不过孩子，还是养了下来。

狗狗也陪伴了男孩将近两年的时间。

某天，
男孩却在上晚自习时被邻居同学告知：

> 我妈妈说你家狗死了，
> 你爸妈要把它扔出去了。

小渊急得一头汗跑回家,
却已看不见狗狗的身影,
只剩下他给它买的那套衣服。

悲伤、无助、委屈和愤怒涌上心头。

父母却不让他哭,
开始输出大道理,甚至不断指责他。

你好好准备考试,考好了给你买一只更漂亮的。

你现在学业这么紧张,怎么可以逃掉晚自习跑回家?

节哀顺变,把学习搞好了比什么都重要。

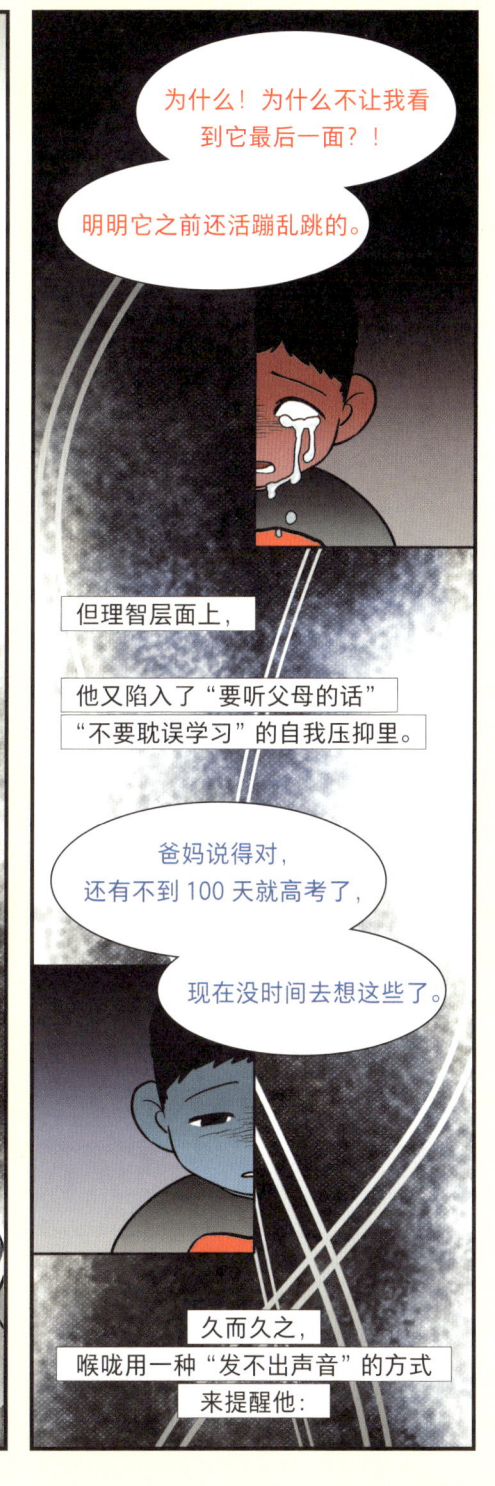

为什么!为什么不让我看到它最后一面?!

明明它之前还活蹦乱跳的。

但理智层面上,

他又陷入了"要听父母的话""不要耽误学习"的自我压抑里。

爸妈说得对,
还有不到100天就高考了,

现在没时间去想这些了。

久而久之,
喉咙用一种"发不出声音"的方式来提醒他:

063

有一些情绪和想法被压抑了。

而精神科医师为他做的，就是帮他尽量哭出来，让他"尽哀顺变"。

从试着在纸上写下对狗狗的哀悼，写下对父母的气愤，到画一张他和狗狗的合照。

从呜咽、默默掉泪、小声啜泣到放声痛哭。

神奇的是，男孩就在这个过程里，慢慢恢复了"说话"的能力。

这是一个真实的案例。在我的咨询生涯里，我也见到许多来访者，当内在的冲突得以平息，许多外在的病症都会不药而愈。

NO.2

一谈恋爱就皮肤过敏

我到底怎么了？

精神分析里有一句非常经典的话：

" **当我们拥有症状，也就拥有了症状背后的东西。** "

来访者小佩的症状很莫名——

每次一恋爱，或是跟暧昧对象有更亲密的进展时，

她就开始患过敏性荨麻疹，
有时脸上还会冒痘痘。
我都不知道这是怎么了，一谈恋爱它就出来捣乱。
但她不管吃西药还是中药，
不管是内服外调，
皮肤问题还是持续亮红灯。
要不咱还是分手吧，每次叫你出门你都是各种推托。
奇怪的是，
当她分手后恢复一个人的生活时，
过敏的症状不久后就会消失，
皮肤又恢复光洁。
那么，对小佩来说，她拥有的
“症状背后的东西”是什么呢？
在漫长的咨询探讨里，
小佩终于鼓起勇气跟我讲——
8 岁那年，她被表哥性骚扰的事。
你这娃怎么喊不动的，快出来吃饭了。
具体过程她不愿意过多回忆，
但被骚扰后的那份羞耻感，
长久地刻印在她心里。

学生时代，她尤其抗拒和男同学接触，哪怕是同桌间日常的互动。

> 交作业了。

长大后这样的恐惧逐渐消弭了，至少她能和异性正常交谈，也鼓起勇气谈了恋爱。

但每当和男孩约会时，小佩还是会刻意回避肢体接触。

印象最深的是初恋。

当对方试图亲她时，她强忍着不适回应了他，回到家后皮肤立马泛红、起包。

她很慌张，但心里又有一丝难以言说的平静。

这样我就有借口好几天不跟他见面，也可以不跟他有任何肢体接触了。

这是一种深刻的觉察，也让我们的咨询有了新的进展。

你看，小佩的症状背后的好处便是——

" **我可以因为过敏而拒绝跟异性亲密接触，避免创伤体验被唤醒。** "

皮肤在身体心理学里，象征着"边界"。

作为分割身体与外部世界的存在，它常常充当着守卫者的角色。

身体
外部世界
皮肤

当内心想与别人亲近时，我们会忍不住与他人拥抱，甚至是"肌肤之亲"。

好久不见，想死你了。

但当我们的内在因为一些创伤体验，拒绝与他人接触，拒绝他人入侵我们的边界时，

"守卫者"常常会用一种生病的方式，比如发痒、长痘、过敏、湿疹等，来进行自我防御。

现在接待不了，请回吧。

NO.3

脚踝痛了三个月

才知道身体比想象中爱我

这是我的亲身经历。

当时我刚从事咨询师行业不久，某天，脚踝突然传来一阵阵隐隐的酸胀。

我一开始不太上心，还是照常工作、加班，每天忙到10点多才回家，

过了好几天，才请假去看病。

你就是关节劳损过度，这几天减少运动，休息休息就好了。

但脚踝疼痛久久没好，甚至到了一走路就疼得冒冷汗，最后无法正常出行的地步。

完了，我下周排好的咨询该怎么办？

对一个刚入行的新手咨询师来说，

我拼了命想攒够咨询时长，来让自己在事业上有快速的提升，这种病痛对我来说，无疑是一种打击。

到底啥时候能好啊，我这个破脚？

那时的我，每天只能待在家里休息，

一面不敢虚度时间，努力看各种专业书，一面又陷入了无止境的自我谴责中。

后来在和我的督导聊到这份情绪时，她看着我温柔地说：

也许正是你这种自我苛责，导致了脚踝的疼痛。

你走得太快太急啦，可能你的脚在帮你缓一缓、停一停呢？

见我有些不解，她又继续解释：

之前的每一次交谈，我都能感受到你对自己的逼迫和挑剔。

我也能感觉到其实你已经很疲惫了。

可是我不敢停下啊，万一跟不上别人怎么办？

督导的回答给了我极大的启发——

比起照顾疲惫的心灵，照顾有病痛的身体对我们来说似乎可以更理直气壮些。

所以你的脚踝——这个每天行走的部位，就在用"罢工"的方式提醒你。

要停下来观照身心，去看看你的恐惧。

后来我并没有立马复工，而是在跟工作室协商之后，请了将近三个月的假。

一方面，在暂停下来之后，我的身体得到了充分的休息，

可以天天让老赵陪着我慢悠悠地转。

路边开的小花，
天边的晚霞，
家人朋友的陪伴——

这些我在匆匆赶路时忽略的美好，我得以细致地去感受。

心情好了，身体也舒服了。

另一方面，
我也有机会在现实里，
检验我的恐惧和担忧。

停下来，就会赶不上别人，
我的人生就会完蛋吗？

并不会的。

在养足精神后,我反而有了更高的能量去和来访者们一起工作。

也因为放下了内心时刻戒备的模式,我能更松弛从容地生活。

这让我想起一句话:

"我们的身体不是一个没有知觉的机器,而是一个精密的、充满智慧的有机体。"

"身体"总能先于意识,发出各种各样的信号告诉我们——

在潜意识里,有某处需要你去疗愈。

你的身体,
其实比你想象中的要爱你。

当然了，
每一个人身体和心理的
"语言表达系统"都是独特的。

虽然具有普遍性，
但没有固定的对应解读。

当你身体出了问题，
又找不到病理性原因的时候，
不妨听听内心的需要。

要记得停下来，去看看你内心发生了什么。

学会觉察和尊重自己的情绪与感受，
其实是我们与自己沟通、
对话的一个过程。

愿看到这里的每个人，都能一天比一天更了解自己、亲近自己。

不管是"具身认知"还是"身体心理学",都是近年来心理学圈非常热门的研究方向——这意味着我们越来越关注身体与情绪之间的关系了。

当然啦,漫画里所分享的与情绪有关的病症,仅供大家参考。

每一个人的身体和心理的"语言表达系统"都是独特的,虽然具有普遍性,但没有固定的对应解读。

就像有些人紧绷焦虑时,会不断腹泻,而另一些人则可能会便秘。

在身心的关系中,尤其在身体不舒服的时候,逐渐学会觉察自己的情绪与感受,继而尊重这些情绪与感受,是我们了解自己,与自己沟通的一个过程。

而我们最终也会发现:

身体无比忠诚于我们,当我们在外面的世界寻觅、探险和努力时,我们的身体也在调动它全部的感官和机能爱着我们。

比尔·布莱森在《人体简史》里写过这样一段话:

"如果你把体内所有的 DNA 搓成一根细细的线,它能延伸 100 亿英里,比从地球到冥王星的距离还远。光靠你自己就足够离开太阳系了。从字面意义来看,你就是宇宙。"

愿我们每个人都能爱上自己这个小小宇宙。

06 不含敌意地表达自己的需求

不含敌意的心态，是亲密关系中双方良性沟通的前提。

嗨，我是慢慢，一名心理咨询师。

刚刚听到两个朋友在聊，亲密关系里"要吵架还是要哄"。

怎么我越哄她越生气呢？真是搞不懂啊……

你的哄可能更像敷衍吧……

我还蛮认可这个女生的说法，在任何关系里：

"哄"可能是一种堵，
"吵"反而是一种通。

也有些人说，我跟对方吵了呀，可对方接不住啊，关系反而更糟糕了。

那要怎么"吵"，才能让关系通而不崩？

我想借朋友莉莉的故事来教大家如何"有效吵架"。

朋友莉莉和老公在一起七年了，在她口中，"老公是一个没心没肺的人"。

两人的相处中，别的事他都做得很好，唯独在"仪式感"上，他一直表现不及格。

> 你什么时候才能跟别人一样，给我买束花庆祝一下啊！

> 啊，今天是什么节日？我忘了……

有一次，莉莉生日，老公终于开了一回窍。

他早早预约了浪漫的烛光晚餐，结果，却又因为临时开会而迟到。

> 我就知道会这样，要不你别来了，反正你一直都对我不上心的！

那天晚上，他们吵了一架，面对莉莉的怒火，老公也满肚子苦水。

> 我平时对你不好吗？你想吃什么买什么，我都有求必应。

> 你从来不记着我的好，总是计较这些破节日！

> 因为你就这个臭毛病，一点仪式感都没有，让我在朋友间都抬不起头来！

> 我自己也不过这些节日啊……多大的人了，还整这些，烦不烦啊？

> 你不过我就不能过吗？你怎么这么自私啊！

经此一吵，莉莉气得回娘家住了。老公也觉得自己没错，两人的关系陷入了僵局。

> 你就是不爱我了吧，想离婚你就直说！

> 每次都这么说，我能怎么办？

> 唉，每次吵架都会僵在这里……真离婚又不至于，想服软又不甘心。

莉莉说，他们两人每次吵架都是这样。

热战→冷战→彻底僵住

每争吵一次，就给关系多埋下一些危机感。

不知道有多少人，在莉莉和老公的故事中，看到了自己平时吵架时的影子——

一开始，我们吵架是想着"解决问题"，但吵着吵着，就变成"互相攻击"。

如何才能既不压抑自己，又不破坏关系呢？

你一直都这么自私！

你从来不会考虑我的感受！

你总是这么丢三落四……

你就是一个没用的家伙！

你是公主病吧？

你好作啊……

这也能理解：当我们的愤怒情绪上头时，容易用极端的字眼，或者给对方贴标签。这样的表达，似乎"更清晰、更有力"。

NO.1

多描述自己的感受

少给对方贴标签

无论是莉莉和老公之间的争吵，还是我们自己日常跟人闹别扭，

是不是常常无意识地使用这样的表达——

但事实是，
当我们在描述中夹杂着自己的评价时，

对方会产生一种被批评的感觉，并因此产生抗拒的心理。

"你总是/一直/从未……"

"你就是一个……的人。"

两人之间，会筑起更高的防御之墙。

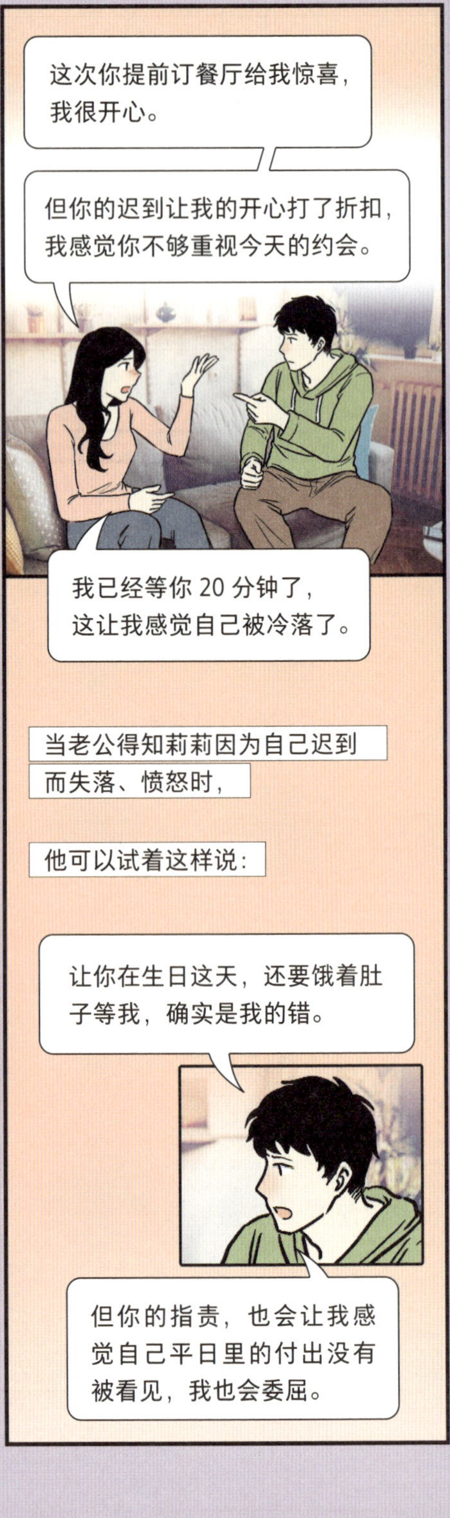

> 这次你提前订餐厅给我惊喜，我很开心。

> 但你的迟到让我的开心打了折扣，我感觉你不够重视今天的约会。

> 我已经等你 20 分钟了，这让我感觉自己被冷落了。

当老公得知莉莉因为自己迟到而失落、愤怒时，

他可以试着这样说：

> 让你在生日这天，还要饿着肚子等我，确实是我的错。

> 但你的指责，也会让我感觉自己平日里的付出没有被看见，我也会委屈。

那要怎么"吵"，才比较良性有效呢？

我的建议是：

多描述自己的感受，少评价对方的为人，少给对方贴标签。

比如，当莉莉得知，老公临时要开会，赴约要迟到时，

她可以试着这样说：

当然，要学会这一点并不容易。

但我们可以带着这个意识，在下一次争吵中，试着把一个评价替换成一句描述——

你这样做，我感觉自己被冷落了。

听到你的指责，我也有点委屈。

这样坚持练习，慢慢地，

吵架也会从纯粹的"攻击"，变成一种沟通和连接。

NO.2

觉察一下
是否把自己当成"受害者"
把对方当成"迫害者"

当冲突发生时，我们容易去审视对方——

他犯了多少错误，他让我感觉多么糟糕，他如何破坏我们的关系。

这样一通细数之后，我们常常会得出一个结论——

他就是故意要让我不好受的！
他就是个坏人！

你就是坏人，你就是我的敌人！

也就是说，此时——

我们把自己当成了"受害者"，把对方推到了"迫害者"的位置。

关系随之变得不平等，沟通方式也会逐渐僵化。

"受害者"一方因为恐惧，会尽全力防御。"迫害者"一方因为厌恶，会想方设法回避。

> 都怪你没仪式感，害我在朋友里都抬不起头！

> 你要这么想，我也没法……

我们变成两个固定的角色，不再是两个活生生的人。

每次吵架都是差不多的剧情，看不见彼此真实的情绪和需求。

所以，当我们觉察到自己有把对方当"迫害者"的冲动时，

可以提醒自己，停一停，试着把到嘴边的那句"都是你的错"收回来。

然后去探索一下：自己这种"受害"的感受，是从哪里来的？

莉莉之所以对"仪式感"这么敏感，之所以这么害怕"不被重视"，

是因为——

小时候，我爸妈很不重视我——

只给弟弟过生日，从来不给我过，也没给我买过一件礼物……

我一直觉得，是因为我不够好，我的出生不值得庆祝，别人才不给我过生日。

而老公总是有意无意地逃避"过节日"，是因为小时候有一次非常糟糕的生日体验。

那是我10岁的生日，我爸喝多了就开始骂我，亲戚都拦不住。

最后大家不欢而散，我一口蛋糕都没吃上。

从那以后，我就再也不过生日了，也讨厌各种节日。

这次觉察和探讨，让他们看见了彼此深藏的创伤，他们之间的矛盾，也缓和了很多。

NO.3

约束事件的讨论范围
不要拔高冲突的性质

在争吵中，我们常常会听见这样的对话——

"你上次也是这样！"
"去年你也犯过一样的错！"
"我早就知道你会这么做！"

一旦我们开始"翻旧账"，争吵就很可能往恶性的方向发展了。

之所以这么说，有两个原因：

翻旧账，
会让我们关注的焦点——

从"解决当下的问题"，
转移到"证明你错我对"。

我们一心想确保自己手上有足够多的证据，打败对方，争吵就变成了"搜证比赛"。

但赢得这场比赛，并不能帮我们解决当下的问题。

2020年6月8号下午5点,你说我很矫情、很难伺候!

上周,就在上周你还骂我不如别人老公好!

"你错我对"的证据越多,我们就越容易拔高冲突的性质。

当我们满眼都是彼此过去的疏忽和错误时,

就很难再看见这段关系里其实还有积极、幸福的一面。

前年纪念日你忘了,去年纪念日你没买礼物,今年你又迟到……

我就知道,你早就不爱我了,想跟我离婚对吧!

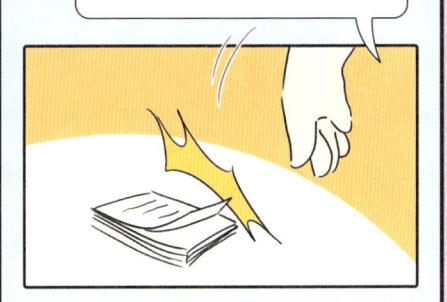

所以,先约好争吵的范围,尽量不要拔高冲突的性质,十分有必要。

NO.4

制定具体的"解决方案"

我们争吵,是为了什么?

如果只是发泄积压已久的情绪,也可以直接告诉对方。

我就是最近心情不好，想找你哭诉一下。

如果是为了解决问题，在表达情绪之后，

也不要忘了提出具体可执行的"解决方案"。

我希望你以后能这样做。

很多人忽视了这一步，"热战"之后又引发"冷战"。

就像莉莉和她老公一样，

每次争吵之后，两人的关系都会变得更僵，开始陷入猜测和怀疑。

是你做得不对，应该你来想怎么哄我啊！

是你对我不满，你又不说怎么做你才满意……

那要如何制定"解决方案"呢？

用"我希望"替代"你不要"，多使用正向和具体的表达。

× 你不要再忘记纪念日了
× 你不要忽视我
× 你绝对不可以迟到

- ✓ 我希望你在日历上记下纪念日
- ✓ 我希望你给我制造一些惊喜
- ✓ 我希望你准时赴约

正向的、具体的语言，既可以让对方清晰地知道我们的需求，

也会减少对方的抗拒心理。

用"可以吗"替代"你应该"，减少给对方的要求感和压迫感。

- ✗ 你应该知道我不喜欢这样的约会
- ✗ 你必须给我道歉

- ✓ 我们可以换一个餐厅约会吗？
- ✓ 我现在很伤心，你可以先安抚一下我吗？

其实，无论是和自己相处，还是在关系中，

"应该、必须"这样的念头，都会带来很多的痛苦和压抑。

学会有意识地去克制它们，我们才能开始自我关怀，开始共情他人。

分享到这里，大家可能想问：难道一段亲密关系里，争吵越多越好吗？

当然不是，我也想分享一个帮助大家去判断的关键词——

" **小部分时候** "

一段健康的关系，争吵、矛盾、负面情绪、互相看不爽，这些只是小部分时候。

而心动、关怀、让你觉得被看见、被稳稳接住,这些才是大部分时候。

如果关系里
只剩下无休止的争吵和冲突,
那我也鼓励大家,
大步走开,重新开始!

自体心理学家海因兹·科胡特曾提到一个词:"不含敌意的坚决"。

这一句充满诗意的话,也是我们在关系里面对冲突时必备的一种良性心态——我对你是不含敌意的,但我会坚持表达自己的需求。

这和那些无意义的争吵区别在于,当关系出现摩擦时,是我去处理你,或者你处理我;还是我和你一起,去处理问题。

当我们对彼此都抱有"不含敌意的坚决"时,双方的情绪才可以真实地流动起来。

最后,分享歌手大张伟老师的一个说法:"亲密关系不是一个杯子,有一条裂缝就不能用了,就要丢掉。亲密关系更像一块布:这有一个窟窿,我们一起补上;那儿有一个窟窿,我们一起补上。慢慢地,这段关系会变成一块漂亮的画布。"

祝你拥有不含敌意的坚决,祝你的关系是一块经得起修补的漂亮画布。

PART2

正视自己的情绪敏感点

01 不要刻意活成一座孤岛

放下内心的执念,去活出烟火气,活出自由自在的人生。

嗨,我是慢慢,一名心理咨询师。

我想分享一个跟"孤独"有关的故事,来自读者小唐。

可能我们都会觉得,孤独,就是与别人断开联系。

但在一年多的咨询过程里,小唐却发现:她的"孤独",其实是为了"联结"。

她为什么独来独往近30年?她又是如何放下执念,开始走进关系和享受其滋养?

或许她的经历,会引起很多人深深的共鸣。

小唐，今年 28 岁，金融系在读研究生，同时也是某财经杂志社的编辑。

从小到大，她都是个很享受"孤独"的人。

唐，我们中午一起去吃饭吧，我知道有家店……

无论是读书还是工作，她都热衷于独来独往。

能不加同学的微信就不加；能不参与同事聚餐，就不参与。

哪怕有人主动示好，她的脸上也永远挂着四个大字：

"**生人勿近**"

我不了，你们去吧。

虽然落得个"不近人情"的评价，也没什么朋友，但她乐在其中。

和家里的关系也是如此。

从初中开始，她就选择搬出去住校。

慢慢地，除了偶尔的转账来往，她和家里几乎断了联系。

爸

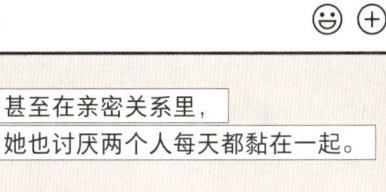

过年回家不？

不回

甚至在亲密关系里，
她也讨厌两个人每天都黏在一起。

她很少依赖男友，
除了"性生活"，
对方基本派不上用场。

也因此，
连续三个前任的分手理由都是——

你太独立了，感觉你根本不需要我啊！

是啊，她一个人，
也能把日子过得妥妥当当——

一个人吃火锅，
一个人搬家，
一个人去旅行……

直到去年夏天，
她一个人去医院做阑尾手术，

醒来的那一刻，

她看到别的病人都有家人
朋友帮忙倒水、陪着聊天，

只有自己身旁空无一人。

她的心底，突然一阵阵地涌出了空落落的感觉。

明明窗外艳阳高照，但在那一刻，她打了好几个寒战。

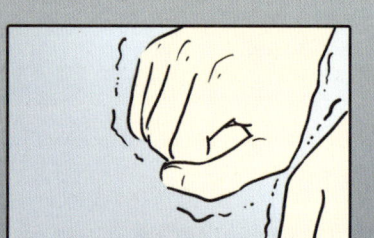

那天过后，她的这份"孤独"，突然开始变得无法忍耐。

有时走在街上，看到万家灯火，她总会有种"被全世界撇下了"的感觉。

一回到家，哪怕把电视机开得再大声，

落寞的感觉还是像湿冷的潮水一样袭来，

让她特别煎熬，夜夜失眠。

无奈之下，她找到了心理咨询师 Sue。

Sue 感受到她对消除孤独感的迫切需求，

便提议她，先从小事开始做一些尝试——

试着和同事一起吃饭，或者跟别人聊聊天。

如果过程中有阻碍，也可以把你的感受或想法记录下来。

等到下次咨询，我们再一起来探讨。

所以后来，她破天荒去参加了一个同学的生日聚会。

她被热情的同学邀请一起吃蛋糕，又加了好几个人的微信。

谢谢！

是不是不该跟别人这么亲近，玩得这么开心？

但她还犹豫着——要不要把刚加的同学微信删掉，继续维持"孤独"的状态。

后来她在咨询室，聊到了这种"愧疚感"，Sue 问了她一个问题：

你觉得你是在向谁表达愧疚？

这个提问就像一把铲子，

把她那些深埋心底的回忆，慢慢挖掘了出来。

时间回到她7岁那年，
当时她一直被寄养在乡下的姑妈家。

有一天，父亲急匆匆地把她接回来，
带她去了医院。

> 爸爸，我们来医院干吗呀？

父亲没有回答，
等到她走到病床前，

才发现妈妈面色蜡黄，
头发几乎掉光，

跟以前那个一头秀发的妈妈，
仿佛是两个人。

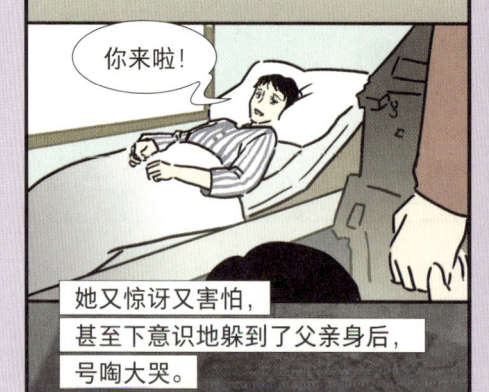

> 你来啦！

她又惊讶又害怕，
甚至下意识地躲到了父亲身后，
号啕大哭。

后来，医生和她解释了很久，
她才听懂：

妈妈的肝里长了一颗恶性肿瘤，
几期的化疗无效，
现在已经时日无多。

> 多陪陪你妈妈吧。

小小的她，
哪里承受得了这样的噩耗，
一开始完全是恍惚的。

等到妈妈出殡那天，

她才意识到：

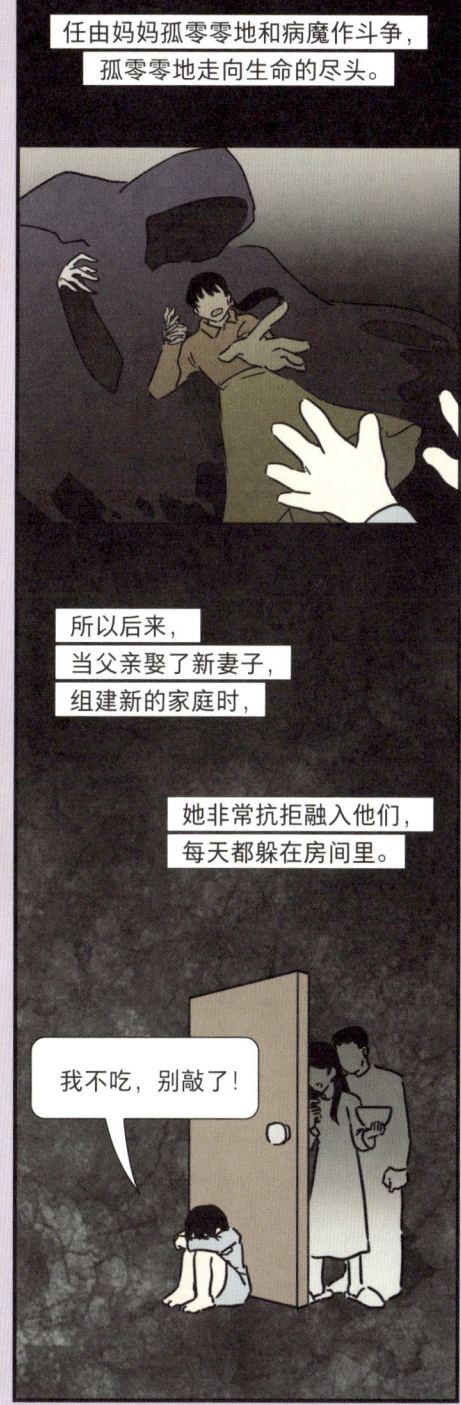

那个世界上最爱她的人离开了，
她再也没有妈妈了。

悲痛的情绪萦绕在她心间，
但之后，
她又被浓浓的罪恶感填满——

妈妈没有娘家人，
爸爸又只顾忙生意，

她却还不懂事，
很少陪伴妈妈，
只顾着到处玩耍。

任由妈妈孤零零地和病魔作斗争，
孤零零地走向生命的尽头。

所以后来，
当父亲娶了新妻子，
组建新的家庭时，

她非常抗拒融入他们，
每天都躲在房间里。

我不吃，别敲了！

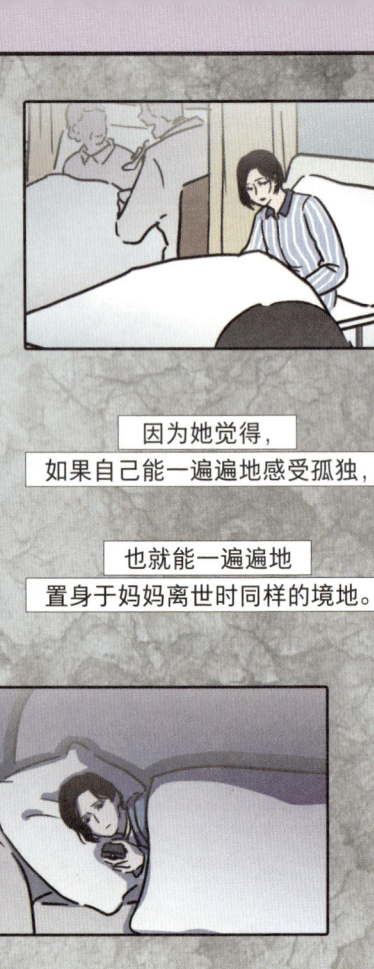

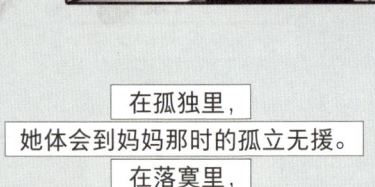

她害怕一旦融入他们，
就背叛了孤独离去的妈妈。

她担心，如果连自己都开始了新生活，
那这个世上还有谁会记得妈妈呢？

她的这个念头，
从家里延伸到外界，
从幼年延续到成年后的每一刻。

小唐宁愿活得孤独疏离，
也不愿与人亲近。

因为她觉得，
如果自己能一遍遍地感受孤独，

也就能一遍遍地
置身于妈妈离世时同样的境地。

在孤独里，
她体会到妈妈那时的孤立无援。
在落寞里，
她感受到妈妈那时的痛苦煎熬。

好像只有这样，她才能和妈妈之间，
形成一道持续、稳定的联结。

为了帮她放下这个执念，
后来的咨询里，
Sue 一直陪着她去厘清两件事。

首先，妈妈患病离世，
并不是她的错，她不需太责备自己。

> 这不是你的错。

再者，与人亲近、活得开心，
不意味着会背叛妈妈，
更不意味着她们的联结会断掉。

只不过，这份伤痛实在太巨大，
巨大到在小唐对妈妈的回忆里，

她似乎只能看到妈妈
孤独离去的那一面。

如果不与这一面保持联结，
她似乎就再也无法与妈妈产生联系。

为了让她看到一个更完整的妈妈，
Sue 提议：

要不，你试着去找找妈妈以前的相片，

看能不能唤醒更多跟她有关的记忆。

后来，小唐特意回了一趟老家，
翻箱倒柜了很久，
才找到妈妈留下的遗物。

东西很少，除了首饰和衣物，
就是一本发霉的相册。

当一页页翻开相册时，
妈妈的样子终于变得鲜活起来——

当她在咨询室里讲起这些时，
脸庞不经意间也带上了笑意，
但她还是不理解。

可是，翻出这些回忆
有什么用呢？

咨询师 Sue 请她闭上眼睛，想象。

如果那时的妈妈来到你面前，你觉得，她会想对你说什么呢？

小唐思考了好久，才说：

她……应该会让我多交朋友，然后开始念叨她当年在厂里认识的人。

她可能还会叫我活得开朗一点。

因为她最爱说的话，就是笑一笑，十年少……

Sue 看着她，欣慰地点点头。

所以你看，不是非得活得孤独冷清，才算不背叛妈妈。

过得温暖快乐，多交一些朋友，也是妈妈对你的期待呀。

这同样是她和她保持联结的一种方式啊！

听完这话，小唐突然有种顿悟的感觉，然后止不住地痛哭了起来。

也许是心结被打开了一些，当晚她第一次梦见了不是以病人形象出现的妈妈。

梦里，她和妈妈站在饭桌前，用面团做老家的特产"萝卜粄"。

她把一个萝卜粄捏成小人形状，藏在身后，怕妈妈骂她糟蹋食物。

妈妈看到后，竟然一点儿也不生气。

玩吧玩吧，开心就好，妈妈怎么会怪你。

梦里，妈妈掌心的触感是那么真实，以至于当她醒来的时候，不自觉流了好些泪。

那天早上，她突然想到，这也许是妈妈通过梦的形式，提醒她：

"
**去吧，
活得开心热闹点吧，
妈妈不会怪你的。**
"

在那之后，每每想到这个梦，小唐心底总会涌现出力量和底气，去一点点放下对"孤独"的执着——

比如她还是会一个人去旅行，但返程时，会给同事带一些特产和纪念品。

比如她接受了一个师兄的追求，学习在脆弱、无助时，不再逼自己扛，而是向对方求助。

你现在能来接我吗？

前阵子，她还上网领养了一只柴犬，一有空就陪着它到处遛弯。

原本安静空荡的生活，终于有了一些热闹的声响。

财财，等等我，别那么快。

当然，小唐知道，要完全治愈过去的伤痛，并不容易。

但好在，她不会再刻意为难自己，把自己活成一座孤岛，

而是跟随内心，走入人群，

去感受陪伴，

去体验依赖和被依赖，

在日复一日的生活里，
活出烟火气，活出自在。

因为她知道，
这才是记住妈妈最好的方式。

这篇漫画,我原本一直想提炼出一些心理学知识或者人生经验,来与大家共勉。

但后来我发现:

每个人从这个故事里,看到的东西都不太一样。

有人会开始觉察自己的"孤独",探索它是否跟某些过往的创伤有关。

有人会看到:我们对父母的忠诚,会让我们一生都在重演他们的轨迹。

有人会发现:要解开内心的"未完成"情结,需要我们放下偏执,看见一个完整的过去。

还有人并不想总结出什么道理,但在读这个故事的过程里,和主人公有了情感上的共振、心灵上的联结。

不是故事教育了我们什么,而是我们借助故事这个载体,看见了自己。

正如叙事疗法的创始人麦克·怀特曾提到的:

"我们对故事的解读,藏着自己的人生、自己的成长。"

02 理解陷入"消极"状态的自己

啥也不想干,是身体给你的重要信号,是理解自己内心真实想法的契机。

嗨,我是慢慢,一名心理咨询师。

我经常鼓励大家去"自我接纳",允许自己有情绪、偷个懒、不必完美。

但每次都会有人忧心忡忡地问我:

如果我接纳了自己,变得自暴自弃怎么办?

一直都在拼命工作,努力赚钱,很想休息一下。

可是如果停下来,我会不会从此一蹶不振?

和爸妈相处很不开心,积压了很多情绪。

但我怕脾气一发就不可收拾,跟家里人闹掰……

在我看来，
他们就像是一直绷紧的弦，

很担心一旦松下来，
会不会就彻底失去了弹性。

对此，我的回答是：
确实，会有这个可能。

但我想说，这也没那么可怕。

这种"自暴自弃"反而是一个难得的信号，它在提醒着——

我们过去的目标和努力，
可能出了问题。

前同事北北，
最近就开启了"自暴自弃"的模式。

半年前，她身体出了点小毛病，
匆匆辞职，说要给自己放个假，
才有能量"重新启动"，好好工作。

上个月在街上偶遇她，
她告诉我，自己的长假还没放完。

身上的小毛病早就治好了，但……我还是不想去工作。
我发现，我停下来就再也跑不动了……
辞职后，北北终于可以理直气壮地睡上一整天。
把什么考试啊、赚钱啊、晋升啊……全都抛在脑后，什么也不干。
一开始，她以为这是自己太累了，需要好好休息一下，
没想到，休息得越久，她越没有动力重新出发。
打电话
换微信
发简历
不感兴趣
你好，最近有考虑找工作吗？
暂时不找
常用语
她不知道自己到底怎么了，变得这么自暴自弃。

聊了一下午，我们逐渐发现了她"自我放弃"背后的原因。

按她的话说，自己过了30年的"三好人生"——好孩子、好学生、好员工。

为了不让爸妈和老师失望，她认真读书，一直稳居班上前五。

从来不会像其他孩子，迟个到、装个病。

为了给家里减轻负担，当其他同学都在享受快乐的大学生活时，她却给自己找了很多兼职。

每日不停地在"两点一线"之间奔波——读书打工、打工读书。

毕业后，她又成了公司里最勤勉的那一个，把每一个工作群置顶，毫无怨言地加班干活。

有时候我们都看不下去，劝她休息一下，她总是说：

还在加班啊？早点回去吧。

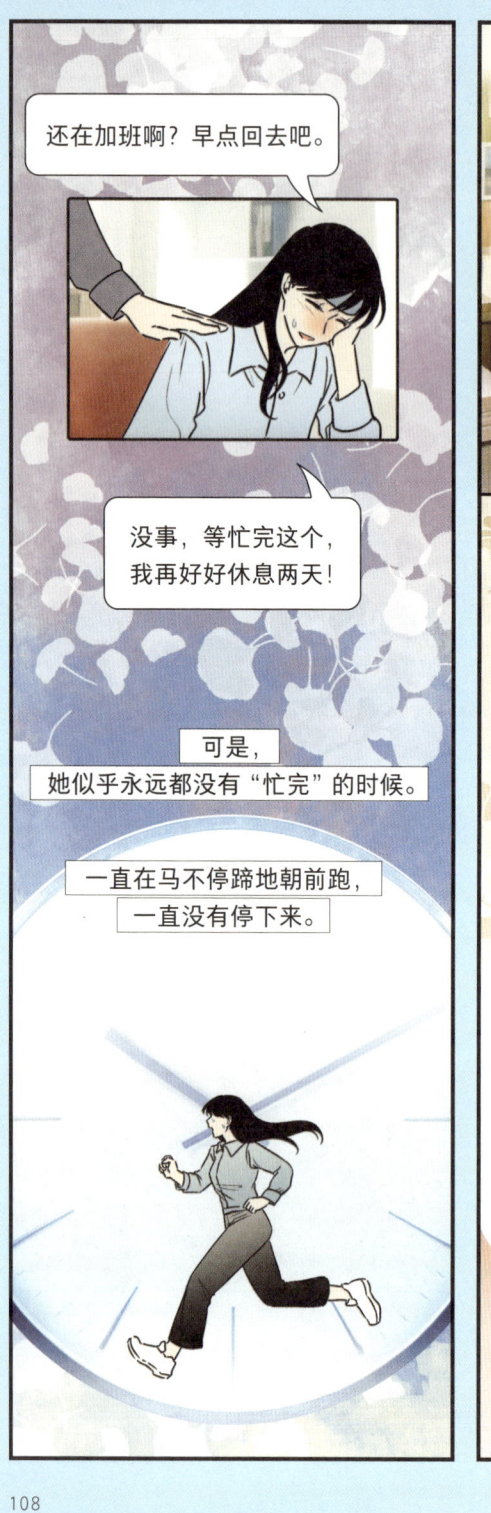

没事，等忙完这个，我再好好休息两天！

可是，她似乎永远都没有"忙完"的时候。

一直在马不停蹄地朝前跑，一直没有停下来。

我不是不想停下来，我是不敢停下来。

停下来，会发生什么吗？

停下来，就会被追上，我感觉身后有东西在追我。

是什么东西在追你呢？

说不清楚，一种恐惧吧。

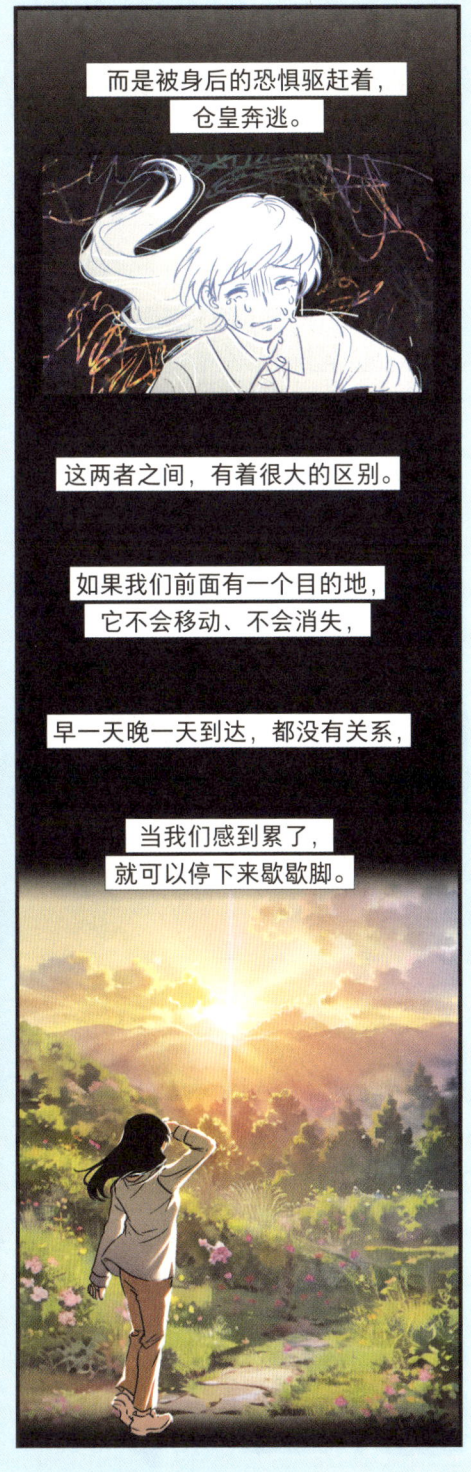

听着北北的描述，
我的脑海中出现了一个画面——

一路上，她不停地奔跑着，
后面有一份"恐惧"正在追杀她。

她一边努力向前跑，一边频频回头看，
跑慢一点，恐惧就会离她近一点。

也就是说，一直以来，
她之所以这么努力，
并不是被前方美好的目标吸引着前进；

而是被身后的恐惧驱赶着，
仓皇奔逃。

这两者之间，有着很大的区别。

如果我们前面有一个目的地，
它不会移动、不会消失，

早一天晚一天到达，都没有关系，

当我们感到累了，
就可以停下来歇歇脚。

但如果
我们前面并没有目的地，
我们的努力就只是一场"逃亡"。

一旦停下来，
就会被身后的怪物赶上。

这时，我们只能不知疲倦地赶路，
一秒都不能耽搁。

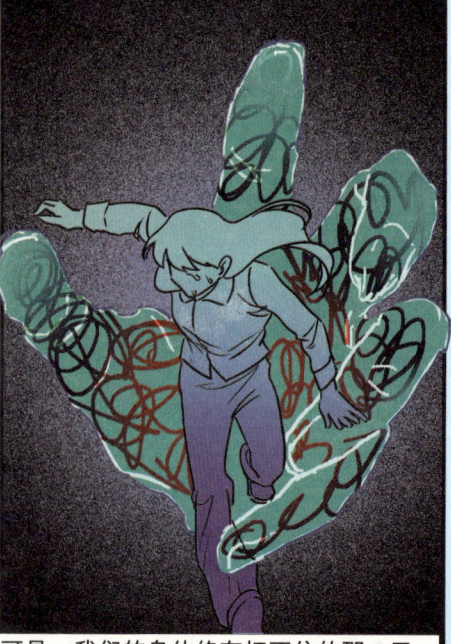

可是，我们的身体终有扛不住的那一天，
就像北北，生病终于把她"逼停"了。

她意外地发现，休息几天，放弃努力，
领导和同事并没有来怪罪她。

爸妈也不再像小时候一样，
严厉地批评她。

家庭群 下午10:38
爸爸：先别想工作的事，身体要紧

她尚有一点积蓄，
不至于活不下去。

她依旧可以吃饭睡觉，
维持基本正常的生活。

当她停下来，发现身后没有
"可怕的怪物"赶上来吃掉她时，

那一刻，她奔跑的动力
突然消失了。

压抑多年的疲惫感，
像潮水一样涌上来。

停下……

这让她陷入了"自暴自弃"的状态中——

既然停下来也没有可怕的事发生,我还跑什么呢?

我这么累死累活,又是为了什么呢?

怎么办啊?我每天都在鼓励自己重新振作,却连出个门都费劲……

我真的感觉自己糟糕透了!

如果你暂时动不了,也可以在"自暴自弃"里待一会儿呀。

我能理解北北对自己现状的不习惯和抗拒。

但在我看来,对一直被恐惧追赶着的北北来说,

"自暴自弃",反而是一件好事。

第一:这说明她接收到了身体给她的信号

在"恐惧"的驱赶下,北北希望自己像个机器人,不知疲倦地奔跑。

但现实是,我们的身体不是机器,它需要休息、它会疲惫。

我好累啊
我跑不动了

再跑我要坏掉了!

所以，当身体罢工，啥也不想干时，
我建议她放下头脑中的鼓励或批评。

允许自己在"自暴自弃"里待一会儿，
去接收和回应身体发出的信号。

比如，我们可以做一做
"身体扫描练习"——

把注意力放在身体上，从头至脚，
感受身体每一个部位的具体状况，
看是否紧绷、是否酸痛。

比如，我们可以去做一些
跟努力无关的小事——

认真地吃一顿饭，
感受嘴巴、胃和食物的互动。

专注地看一场电影，
感受视觉、听觉和心灵的振动。

用心地挑一件舒服的睡衣，
感受织物在皮肤上柔软的触感。

这些体验，
让我们有机会看见身体的伤痛，
安抚疲惫不堪的身体。

第二："自暴自弃"让她有机会寻找重新出发的动力

一直以来，北北都在埋头努力。

直到她陷入了停滞状态，身后追赶她的"恐惧"也变小了，

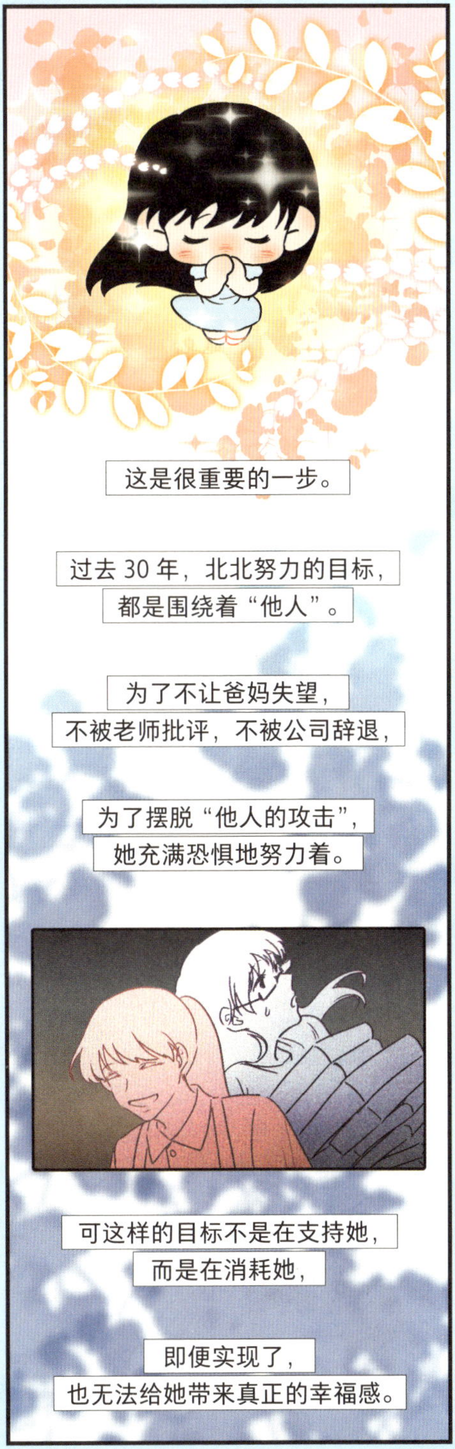

这是很重要的一步。

过去30年，北北努力的目标，都是围绕着"他人"。

为了不让爸妈失望，不被老师批评，不被公司辞退，

为了摆脱"他人的攻击"，她充满恐惧地努力着。

她才终于有了一个契机，去问问自己的内心：

前面有什么东西可以吸引我重新出发？

可这样的目标不是在支持她，而是在消耗她，

即便实现了，也无法给她带来真正的幸福感。

就像武志红老师在
《把事情做好的成功心法》
中提到的——

好的目标，是由"我"发起的，
并且把自身体验放在优先的位置上。

问问自己：

如果他人不会批评我，
我此刻最想做什么？

即使没了他人的表扬，
我还有冲动想做的是什么？

就像北北，最近我观察到，

她开始行动起来了，
忙着研究镜头、上课、修图，
即使熬夜，也一点儿都不觉得累。

我报了一个摄影课，还买了两个新的镜头~

给你看看我昨天拍的日落😊

我猜，
经历了这次"自我放弃"之后，

或许她正在慢慢接近那个
由她自己发起的、真心渴望的目标。

北北的故事讲到这里，我想到很多读者给我的留言。

他们也很害怕经历或正在经历"自暴自弃"。

从小到大都在取悦爸妈，很想跟他们大吵一架，又很怕亲戚朋友骂我"不孝顺"。

从事业单位辞职，周围的人都说我"太冲动""没脑子"，我也忍不住自我反思了……

一直被当成"老好人"，忍不住在群里发了脾气，把朋友都声讨了一遍。

我是不是放弃人际关系了？

此刻，我想跟大家说，不要因为过于害怕"自暴自弃"，

而不接纳自己、不表达自己，即使因此搞砸一些东西、生活暂时停滞，也不要急着攻击自己。

或许，我们可以允许这件事发生，换一个角度去看待它，

把它当作一个契机，去给自己一些久违的自我安抚，去开启一次自我探索吧。

武志红老师分享过，他也一度陷在"自暴自弃"中——

那是在他读研究生的时候，因为失恋，他陷入严重的抑郁状态。

在那两年里，他做什么事都提不起劲儿：学业荒废，拿不到学分，连日常洗漱都成了难事。

可也是在那段"自我放弃"的时间里，他觉得自己似乎打通了任督二脉：那段时间的"消极"不是他的敌人，在生活、学业上放慢脚步也没关系。

当他开始理解它、接纳它，它反而成了自己心灵的养料，带来了不可思议的动力。

当然，我们不是鼓励大家自暴自弃，一遇到难题就躺平；而是想告诉大家，如果你正处在"啥也不想干"的停滞状态，或者担心自己一休息就爬不起来，或许你正缺乏一份"自我理解"——

理解自己为何会偷懒、拖延，没有行动力；
理解让自己"不敢休息"的这份恐惧，背后的具体原因是什么；
理解自己内心真正想要的是什么。

这种自我理解，能够很好地平息我们内在的自我攻击，让我们用一种更加省力、更加自在的方式，来更好地成为自己。

03 不要，也可以是一种选择

保持对"不要"的敏感，尊重每一个"不要"的意愿。

嗨，我是慢慢，一名心理咨询师。

最近我在重温一部高分台剧——《我可能不会爱你》。
我时常被剧里的台词所打动。

女主程又青说，
成熟女性的智慧之一就是——

面对一些人、事、物，要学会勇敢地告诉自己："我不要了。"

本期我也想来跟大家聊一聊这种"不要"的智慧。

后台经常会收到读者的困惑，有一类基本可以概括成——

有一个东西,它让我很痛苦,
我深陷其中不知如何是好。

比如,某段糟糕的亲密关系。
比如,某个高不可攀的目标。

大家经常会走入一个僵化思维的误区里:

这个东西,
我得努力去"要个结果",
我才能安心。

比如,拼命去改变关系里的另一方;
又或是因为不甘,
想要报复对方、讨要个说法。

比如,
苛责自己再想想办法,
把目标拿下。

这种坚持,
常常会让我们掉入一个
焦虑的旋涡里。

这时，我鼓励大家不妨默念几遍"我不要了"，可有效走出内耗和拧巴，真正获得解放。

为什么这么说呢？
我想先来分享朋友遥遥的经历。

> 你过来啊！

朋友遥遥就深有感触。

她在上一段婚姻里，跟丈夫、婆家拉扯了将近6年，还因此被气出了乳腺癌。

NO.1

"我不要了"

帮你拒绝人际纠缠

远离有毒关系的消耗

许多时候，
我们无法停止与烂人烂事纠缠，
常常不自觉地被拉进对方的"战场"。

她的丈夫时不时就精神出轨，
和各种女同事暧昧聊天，
玩各种交友软件。

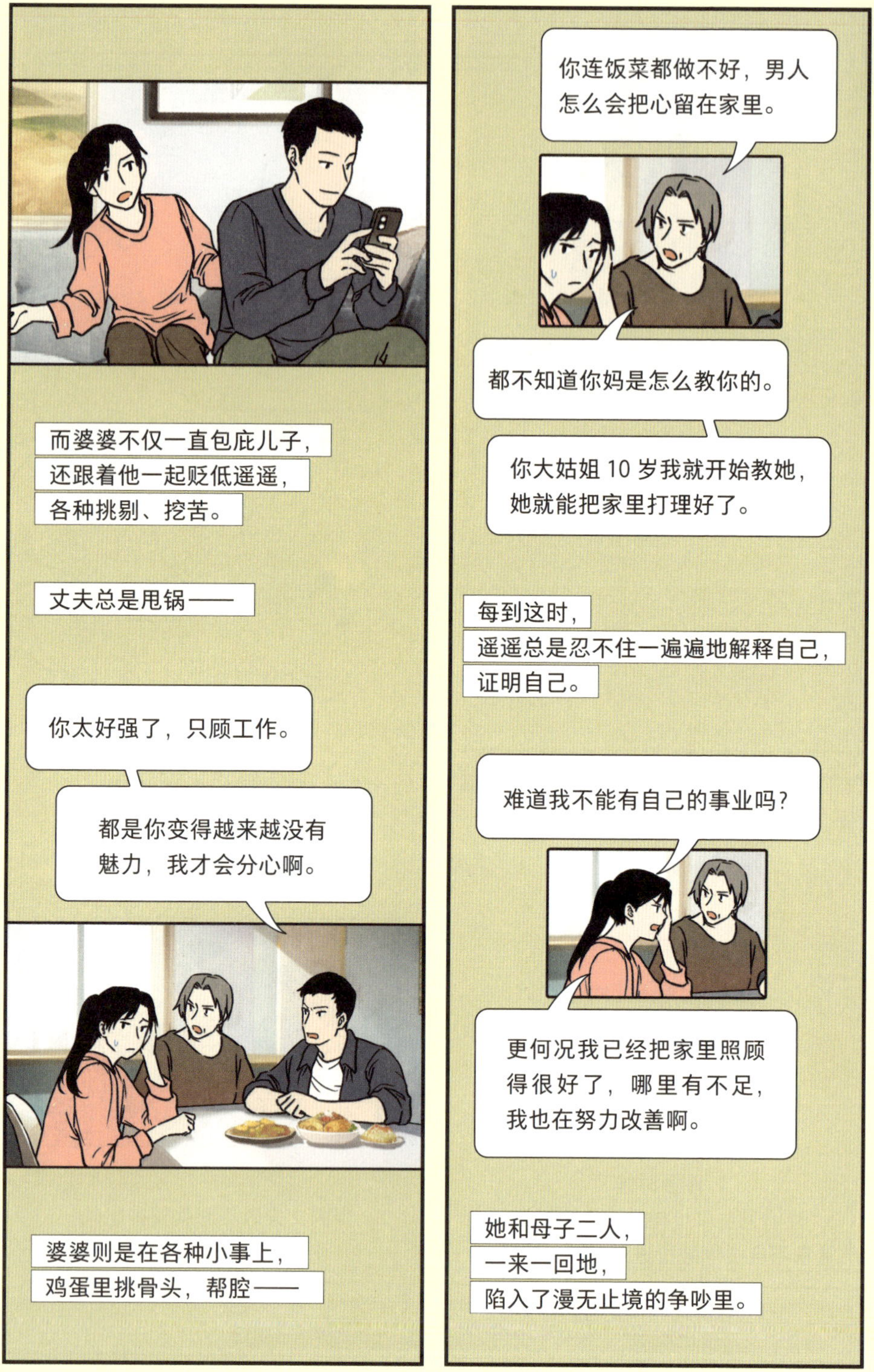
而婆婆不仅一直包庇儿子，
还跟着他一起贬低遥遥，
各种挑剔、挖苦。
丈夫总是甩锅——
你太好强了，只顾工作。
都是你变得越来越没有魅力，我才会分心啊。
婆婆则是在各种小事上，
鸡蛋里挑骨头，帮腔——
你连饭菜都做不好，男人怎么会把心留在家里。
都不知道你妈是怎么教你的。
你大姑姐 10 岁我就开始教她，她就能把家里打理好了。
每到这时，
遥遥总是忍不住一遍遍地解释自己，
证明自己。
难道我不能有自己的事业吗？
更何况我已经把家里照顾得很好了，哪里有不足，我也在努力改善啊。
她和母子二人，
一来一回地，
陷入了漫无止境的争吵里。

原本精神状态还不错的她，

只要一被他们勾起胜负欲，
就会进入他们的"战场"，
不停地被消耗。

结婚六年的时间，
遥遥感觉自己的精气神，
已经在这个家一点点地耗尽。

她不是没有想过离婚，
但心里总想着：

"咽不下这口气！"

她想要丈夫向自己承认错误，
她想要婆婆停止打压自己，
更想要证明自己不应该被如此对待。

我为这个家付出
这么多心力！

你们居然这么对我！

以至于

每一次面对丈夫和婆婆的贬低挖苦，
她都会一下子就跳起来，
拼命跟他们撕扯争论。

那段时间的她，
像是一次次踏入泥泞的沼泽地里，
越是挣扎，就陷得越深。

121

转变发生在她"自暴自弃"的那一刻。

那天婆婆因为她没有给丈夫盛饭,在饭桌上当着众多亲戚的面教训她,

她事后跟婆婆和丈夫又吵了一架。

在去洗澡时,却突然因为低血糖头晕得动不了,浑身没力气。

等她自己缓过来,丈夫和婆婆依旧没发现她的异常,还在客厅里一边看电视一边大笑。

就算我改变了他们,吵赢了,讨要了个说法,

对我又有什么好处呢?

我何苦一直把时间耗在这里,苦守一个对我这么冷漠的家呢?

我不要了！

遥遥突然有一种"如释重负"的感觉。

那晚之后，
她开始认真考虑和策划离婚的事。

在和婆婆、丈夫相处时，
她的心态也悄悄改变了——

每当忍不住想解释自己时，
忍不住要跟他们吵个明白时，

她都会克制住，在心里默念：

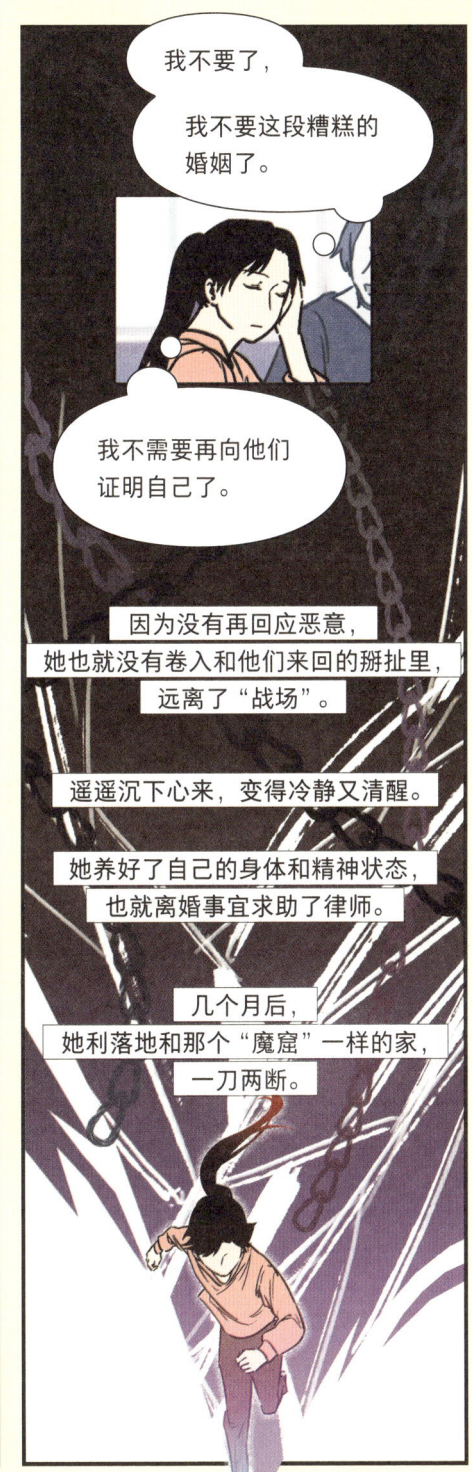

我不要了，

我不要这段糟糕的婚姻了。

我不需要再向他们证明自己了。

因为没有再回应恶意，
她也就没有卷入和他们来回的掰扯里，
远离了"战场"。

遥遥沉下心来，变得冷静又清醒。

她养好了自己的身体和精神状态，
也就离婚事宜求助了律师。

几个月后，
她利落地和那个"魔窟"一样的家，
一刀两断。

NO.2

"我不要了"

帮你走出头脑制造的"不甘心陷阱"

活得更自在

总想着"要"，除了会让我们不小心被有毒关系消耗之外，

还会让我们掉入头脑制造的"不甘心陷阱"，阻碍人格发展。

这是脑神经科学里的一个理论，又称为"不甘心的幻象"——

有时我们由于沉没成本（即过往付出的时间和精力）或是自恋的天性，常常会对某件事物产生过度的执着。

> 不行，我都已经爬到这儿了，我一定要爬上去！

那些不甘心的情绪和行为，被大脑接收后，

大脑会将相关事物判定为对我们人生有重大的影响力，鞭策我们去追寻、索求它。

> 爬不上去，你的人生就完蛋了。

> 你要再逼自己一把，努力努力！

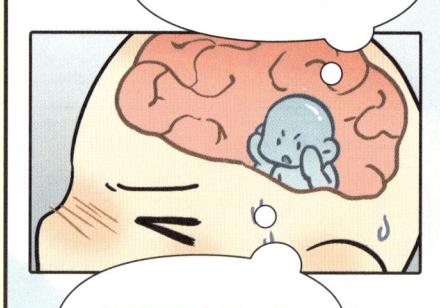

用大白话语说就是——

不甘心的想法,会让我们高估某件事的重要性,从而逼自己要坚持做好。

在咨询室里,我就观察到许多有抑郁情绪的来访者,

在他们的心底,往往都有一个"高不可攀"的目标。

小A渴望获得大家族里所有人的认可。

小B试图拯救父母的婚姻。

> 好啦好啦,你们要多沟通,才不会有那么多误解。

小C时刻在和同龄人比较,逼迫自己优秀。

当我帮他们一遍遍审视目标的合理性时,会发现,目标里都藏着不甘心的情绪。

> 我努力考上顶级大学,还考了MBA,我二叔凭什么还瞧不起我?

125

为什么我就是没法拥有一个和和美美的家呢?

我已经投入了那么多年的时间和精力,现在停下来,被别人赶上,岂不是白费了?

我能感受到,他们每个人手里都努力拽着"要"的东西,哪怕很痛很痛,也不愿松开。

这让他们时常受挫沮丧,甚至引发了躯体化的疾病。

而走出这种"不甘心陷阱"的秘诀,其实就是学会告诉自己:

我不要了。

就像小A,在长达两年的咨询过程中,他先是不得不承认自己的局限——

我没法迎合所有人的期待,获得所有人的认可。

后来小A又意识到,这个目标本就不切实际——

为什么我需要获得所有人的认可呢?

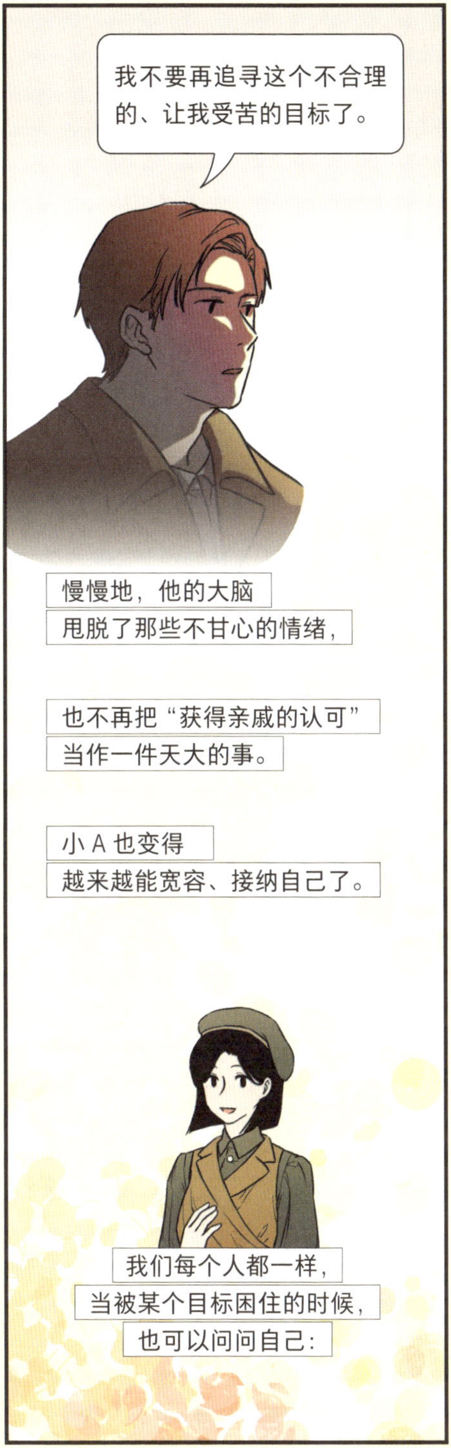

> 我不要再追寻这个不合理的、让我受苦的目标了。

慢慢地,他的大脑甩脱了那些不甘心的情绪,

也不再把"获得亲戚的认可"当作一件天大的事。

小A也变得越来越能宽容、接纳自己了。

我们每个人都一样,当被某个目标困住的时候,也可以问问自己:

> 我真的需要实现这个目标吗?

> 它实现不了的话,真的会对我和我的人生有什么影响吗?

NO.3

多听从"我不要了"

才会知晓"我真正想要的"

最后我想说的是——

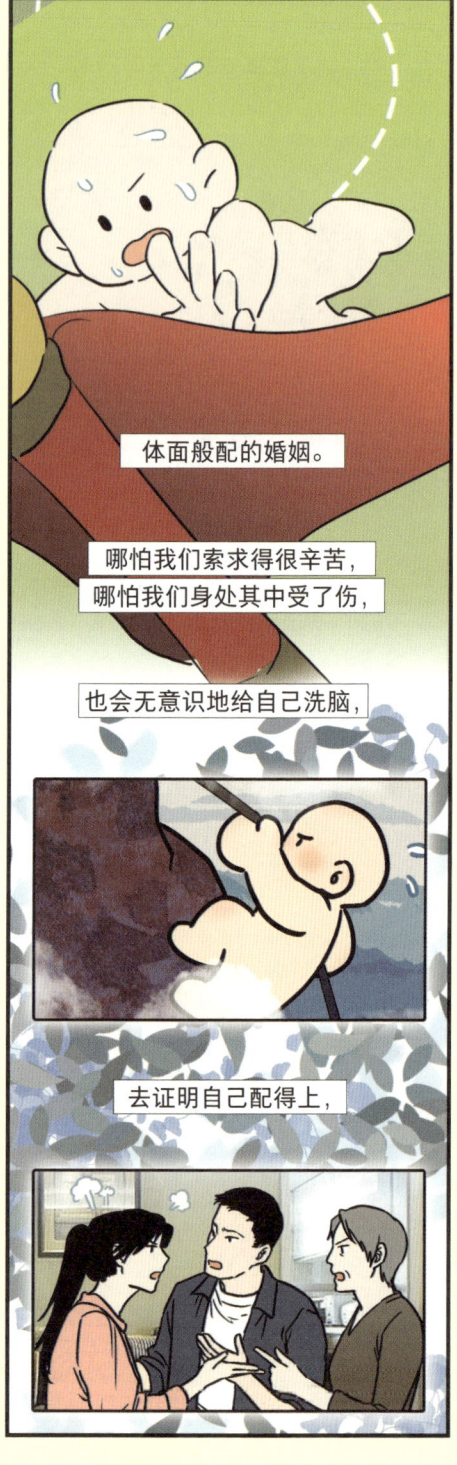

许多人从小到大，都是在一种"结果导向式"的教育下成长的——

我们被不断地引导着，去"追寻""索要"很多东西。

父母期盼的大学。

人人称赞的工作。

体面般配的婚姻。

哪怕我们索求得很辛苦，哪怕我们身处其中受了伤，

也会无意识地给自己洗脑，

去证明自己配得上，

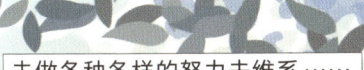

去做各种各样的努力去维系……

如果我们无法清醒地意识到——

**不要，也可以是一种选择。
不要，也可以理直气壮
说出口——**

我们的内心就会装满那些
"明明让自己很痛苦，却又难以割舍"
的东西，

就像我，曾经的生活也被有毒的
关系、工作填满。

那份总是被贬低和挖苦的工作，

让我没有力气和时间，
去探寻自己真正想要的、
发自内心热爱和享受的东西。

直到我明白，在"努力维系"
和"勉强自己去适应"之外，
我们永远有第三个选择：

"离开"

我的内心终于多出来了许多空间——

允许自己去靠近
那些不需要我小心翼翼迎合的友谊。

允许自己去找到
一份能让我的价值被看见
和欣赏的工作。

也有了时间和自由，
去培养许许多多的兴趣爱好——

钢琴、种植、学一门外语……

我的精神状态，
也从萎靡不振，一点点变得轻盈自在。

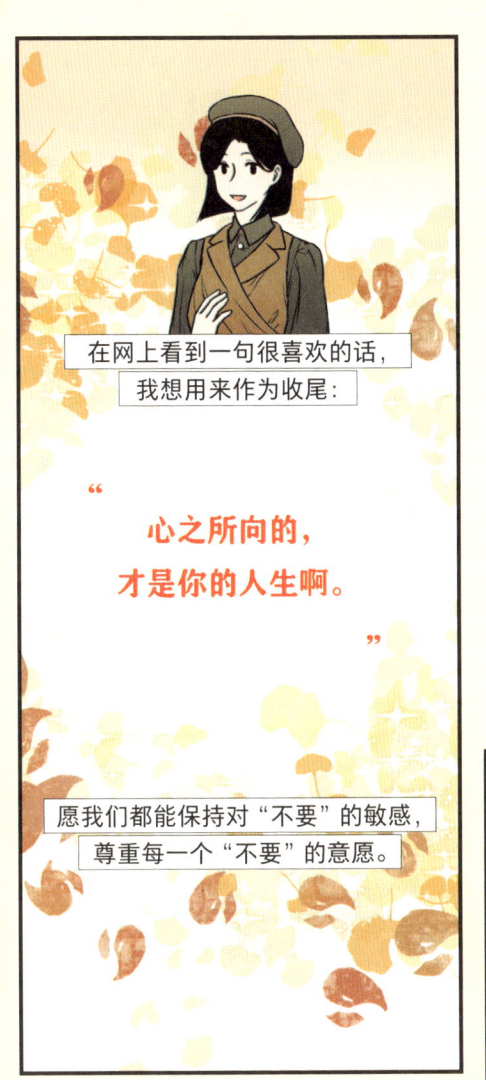

在网上看到一句很喜欢的话，
我想用来作为收尾：

"
**心之所向的，
才是你的人生啊。**
"

愿我们都能保持对"不要"的敏感，
尊重每一个"不要"的意愿。

因为我们的时间，
值得花费在心甘情愿的事情上。

与你共勉。

之前看过杂志上的一篇追踪采访和研究报道,讲的是为什么许多人会沉沦于有毒关系里。

作者一针见血地点出:

"我们离不开糟糕的关系,有时是在潜意识层面,从未把'离开'当作一个选择。"

可能我们理性层面(意识层面)会一直跟自己说,要逃离糟糕的人、事、物,避免被消耗;但感性层面(潜意识层面)还是会因为不甘心、自恋受损、沉没成本,在做着各种各样拧巴的努力,去将这些人、事、物留在我们身边。很多时候,甚至会陷入"强迫性重复",多次遇到相似的人,遭受同样的伤。

这时候,需要我们不断地去提醒自己:

不要,也可以是一种选择;

不要,是可以理直气壮说出口的;

不要,才能让我们有精力去享受真正想要的。

如此一来,我们的潜意识和意识之间的"内在冲突"才会慢慢平息;当一个人不对抗时,改变才有可能发生。

04 唤醒"保护自己"的能力

告别"拯救"与"被拯救"的思维,人格才能更完整。

嗨,我是慢慢,一名心理咨询师。

本期想来跟大家聊聊——

在原生家庭里受的伤,能不能让伴侣来疗愈?

我发现身边很多人,当他们有未处理好的创伤和未疗愈的痛苦时,

总会忍不住寄希望于身边那个最亲密的人。

从小到大,我在家里一直被冷落。

以后我一定要找一个事事以我为重、围着我转的老公。

作为大哥,过去我一直在照顾弟弟妹妹。

要是有一个人能全心全意地来照顾我,弥补我以前缺失的爱就好了……

唉……可是两个前任都做不到。

我现在也心灰意冷，是不是这世界上真的没人爱我？

但我还是想说，在亲密关系中——

"让伴侣疗愈我的创伤"只能是一种 幻想，甚至会让我们 更加受伤。

我当时就是被她的温柔善良打动。

可在一起之后，她也不愿意多照顾我一些啊！是她变了，还是我看走眼呢？

为什么这么说？
我想先分享一下来访者晓敏的故事。

确实，
一个好的伴侣，一段好的婚姻——

可以作为我们的容器，
包容我们的脆弱和不安。

晓敏跟我说，她一直都把老公当成自己的"真命天子"。

工作上，
他是晓敏的前辈，事业心很强。
生活上，
他又能充当晓敏的"大管家"。

134

这对从小缺乏安全感的晓敏来说，是十分具有吸引力的特质。

看着眼前这个对自己照顾有加的男人，

晓敏心里不禁冒出一个念头：

他真的好像"爸爸"，这不正弥补了我缺失多年的父爱吗？

这个念头，让他们很快走进了婚姻的殿堂。

但也是这个念头，让晓敏开始对他失望。

因为，这份"父爱"的发挥并不稳定。

比如，老公平时工作很忙，好不容易有一个完整的周末可以陪她逛街，

可是，当她试完衣服出来，却发现他抱着电脑，躲在休息区加班。

怎么又在加班？

临时有个会。你挑到喜欢的衣服了吗？

虽然老公很快就处理完工作，晓敏却没了兴致。

街也不逛，饭也不吃，一个人先回家了。

比如，有一次两人闹别扭，

虽然老公早就说过，自己最不喜欢对方"离家出走"，

但晓敏还是摔门而去。

最后，她一个人在小区花园待了大半个小时，

也没有等到老公追出来，或者给她打个电话。

还有一次过年，她想出去旅游过"二人世界"，老公却想回老家跟家人团聚。

一年到头跟家里人就见不到两次，过年还是回家热闹点好呀……

晓敏知道，老公的要求也很合理。

但那一瞬间，她还是克制不住自己的失望。

按你这么说，那我们一年到头也很少有机会出去旅游啊！

随着两人关系的发展，这种"失望的时刻"越来越多，

直到快要把晓敏和老公淹没。

在这些时刻，你需要对方怎么做，你才会好受一些呢？

听到我的问题，晓敏犹豫了一下，似乎有点开不了口，

最后还是鼓起了勇气。

我希望，他时时刻刻地看着我，全身心地关注我，

把我放在最重要的位置，比他的工作、他的家里人都要重要！

说完，晓敏有点难为情。

"我是不是有点不可理喻了？可这就是我真实的需求。"

我能理解晓敏对另一半的需求，它并不荒谬。

因为发出这个迫切需求的，很可能不是此刻的晓敏。

而是小时候那个被家人忽视、虐待，被深深伤害过的"小晓敏"。

作为一个弱小的孩子，我们都需要父母时时刻刻的关注、全身心的爱护，

需要反复确认自己是否"最重要"。

只有这样，我们才能拥有存在感，才能安心地活下来。

如果我们在原生家庭中，从未有过被全心全意关注和重视的体验——

这个需求也不会消失，反而是被压抑得越久，它就越强烈。

一旦进入了一段安全的、稳定的关系，它就会朝伴侣发起"攻势"。

觉察到这一点后，
我们可以给自己多一点理解和共情，

而不是责骂自己幼稚、不可理喻。

但与此同时也需要意识到——

我们越是渴望伴侣来疗愈自己，
我们受的伤害就会越多。

第一层伤害：

**无论伴侣怎么做，
我们都会失望。**

当我们将童年未被满足的需求，
通通投射到伴侣身上时，

就相当于把伴侣当成了"父母"，
自己则退行成了"孩子"。

而在孩子眼中，父母无所不能。

自己心里有一个想法，父母就能猜到。
自己有了一个需求，父母就能满足。

父母要给予自己全方位、全身心的
关注，否则，孩子就会感到不安。

就像晓敏说的，
当她把老公的爱当成了"父爱"之后，

她对老公的失望就越来越多。

说好了陪我逛街，
又分心去加班，
根本就是在忽视我！

为什么你不出来找我？
是不是不担心我，
是不是我不够重要？

久而久之，老公会觉得疲惫，
忍不住想要回避。

而对她来讲，
这意味着过去不被爱、
不被重视的伤痛又再次浮现。

第二层伤害：

**为了让对方疗愈自己，
我们让关系陷入了
"权力斗争"。**

为了让老公能持续
稳定地关注和照顾她，

晓敏也尝试了很多方法。

比如，讨好。

有一阵子，晓敏经常早早起来，
给老公做早午饭便当。

主动了解老公的工作，
只为了跟他有多点共同话题。

连老公随口吐槽的"无脑综艺"，
她也不看了。

比如，哭诉。

吵架的时候，晓敏常常忍不住大哭，
细说过去在家里受到的苛待。

老公是很心疼她，但听多了之后，
安慰也变得敷衍起来。

比如，冷战。

碰上老公实在不开窍，
晓敏就冷落他，好几天不跟他讲话，
甚至跑去闺密家小住，

但这似乎让夫妻俩的关系变得更僵。

最后，晓敏来到了咨询室，她希望，我能帮她"改造"老公。

老师，你可以告诉我怎么样才能让他多关心我一些吗？

我也可以约他一起来咨询，你是专业的，他一定会听你的。

抱歉，我没有办法做到……

被我拒绝之后，晓敏又失落又茫然。

或许她还没有意识到，"被伴侣疗愈"的渴望

已经让她的婚姻，不知不觉陷入了"权力斗争"之中。

在一段关系里，当我们想要去证明自己是好的、是对的、是弱小的，

从而让对方顺从我们，给我们更多的爱和关注时，

关系里便开始有了"控制"。

一开始，对方可能还察觉不到，这还管用，但他迟早会感受到被控制的不舒服。

而我们自己，也会慢慢陷入——

"他满足我，我就爱他"，
"他不满足我，我就不爱他"
的状态里。

当权力斗争超过了爱，
我们的关系就卡住了，
情感也会逐渐变质。

第三层伤害：

**我们可能会陷入强迫性重复，
多次体验类似童年的创伤。**

聊到这里，晓敏才坦言——

过去她也一直渴望找到能
"疗愈自己童年创伤"的另一半。

但因此吃了很多苦头。

第一任男友，控制欲极强。
第二任男友，习惯性出轨。

晓敏却莫名其妙地被他们吸引，
在关系里受尽了折磨。

直到离开后，才觉察到他们身上
都带有类似晓敏父亲的特质。

我明明痛恨我的父亲，

为什么我还会喜欢像他那样的人渣呢？

或许你在想：重来一次，会不会不一样呢？

小时候，
当我们遭受了不幸、受到了伤害，

却无力抵抗、无力保护自己时，
我们会有深深的挫败感。

长大后，我们可能会无意识地
复制原生家庭的相处模式，
重建跟童年创伤相似的处境。

为的就是"重回现场"，

用成年后自己的力量，
去保护过去的自己，
去消灭过去的挫败感。

可是，这往往会让我们靠近不健康的关系，受到更多、更重的伤害。

故事讲到这里，
我想起黄仕明老师说过的一句话：

"
拥有良好亲密关系的秘诀之一，
就是伴侣各自负责
疗愈自己童年的创伤。
"

或许有人会问：伴侣这么没用，

那我还要谈恋爱、结婚干什么？亲密关系的意义又何在呢？

黄仕明老师的回答，令我十分触动。

> 亲密关系会唤醒我们内心需要被疗愈、被爱的部分，
>
> 我们会因此成长，从而变得更完整。

那么，当亲密关系唤醒我们内心长久未被满足的需求时，我们要如何成长呢？

在这里，我可以给大家两个小建议——

NO.1

模块化自己的需求

也就是说，你不用把这个被疗愈的需求，全部压在伴侣身上。

你可以试着拆分它，然后将其分散在身边每一段相对安全、稳定的关系里。

比如同事、好朋友、宠物，甚至是你的兴趣爱好上。

在伴侣眼中，
我们不再是需求无度的"孩子"。

而这些正向的反馈，
就像一块块小拼图，

拼凑成我们内心
最需要被疗愈的那一个部分。

NO.2

问一问自己：

我愿意为过去受伤的
"小我"做点什么？

这是成长中很关键的一步，
责怪伴侣、密友
无法接住我们的情绪和伤痛之前，

或许，我们也可以问问自己：

此刻的我，愿意接住过去
受伤的"小我"吗？

别人没有接住的这个部分，
我自己也要拒绝它吗？

在这样反复的自我对话中，

会唤醒我们"保护自己"的能力，
会唤醒我们对自己的悲悯和关怀之心。

你会发现,
疗愈创伤所需要的资源和力量,
原来一直都存在于自己的心中。

其实，在亲密关系中，我们不仅有"被拯救"的需求，有时候也会希望去"拯救对方"。

比如我一个朋友，他曾信誓旦旦地跟我说："下一次，我绝对不要再和有原生家庭创伤的女孩交往了。"

这并非他的歧视，而是他在每一段关系里，总是忍不住扮演那个"拯救者"的角色。对方的伤痛和脆弱，他一一看在眼里，心疼万分；然后牺牲自己，去满足对方。

最后，都以他被消耗、累垮到逃跑而告终。

可下一次，他还是会被带着伤痛的女孩吸引，带着"拯救她"的冲动去靠近她。因为通过拯救伴侣，改变伴侣，他才能感受到自己的价值感和存在感。

你会发现，无论是拯救者还是被拯救者，这种情结往往指向我们幼时遭受过的忽视、否定，指向我们常年未被满足的需求。

就像婚姻治疗师莎兰·汉考克说的："亲密关系里的吸引力，往往来自伤痛，来自你内在受伤的小孩。"

认识到这一点，我们才能慢慢踏上自我疗愈之旅。

05 拿回自己的"主体感"

走出别人的目光,主动去争取、去表达,努力过上"我愿意"的人生。

嗨,我是慢慢,一名心理咨询师。

这些年来,关于"独立女性"的话题十分火热。各类影视作品也都热衷于塑造"大女主"人设。

但当我们把目光转回到现实时,就会看到,许多女性仍走在"自我解放"的道路上。

我的来访者里——

有人在重男轻女的家庭里长大,有人曾反复陷入有毒的恋爱关系,

还有的经历着每个普通女性都会经历的日常困境……

不好意思,您婚后好多年没工作,我们暂时不考虑……

长期受困的我们，要如何觉醒？

本期我就来分享——

**一个女性的觉醒
离不开这三个关键认知**

NO.1

**用你的力量爱
而不是用"弱点"去爱**

来访者悠悠，
曾经是一个活得很卑微，
习惯性隐藏自己的力量，
去讨好别人的人。

笨死了，这种基础的题都不会。

作为家中老二，
她从小就学到了很多生存技能——

向上要学会守拙，向姐姐示弱；
向下要懂事，照顾弟妹，不争不抢。

我们小悠真懂事。

从小习得的这套模式，
延续到了她成年后的关系里，
尤其是亲密关系。

前任男友，跟她在同一部门上班。

自从对他产生好感，悠悠就经常隐藏自己的锋芒，向他请教工作。

这个表格要怎么做啊？

再到后面恋爱，任由男友干涉自己的大小事。

精心种植了几年的阳台小菜园，也被他以"会长虫"为由拆掉了……

她一直不敢怎么反抗，怕被贴上"强悍"的标签。

除此之外，在男友面前，她还常常会无意识地自我贬低。

我又矮又矬。

家境也不好，就是个从小县城来的。

我也不像你一样，有很多厉害的朋友。

甚至当得到晋升机会，她也以"能力不足"自我洗脑，把机会让给了男友。

我感觉我的经验和实务能力都还不太够，沟通能力也不好。

要不您让他试试吧，他也跟我一样待了三年多。

她以为这样做，男友就会珍惜自己，一直留在自己身边。

没想到他却提了分手，因为和公司的后辈出轨了。

别跟我分手好不好？都是我做得还不够好。

无论她怎么可怜巴巴地哀求，他都无动于衷。

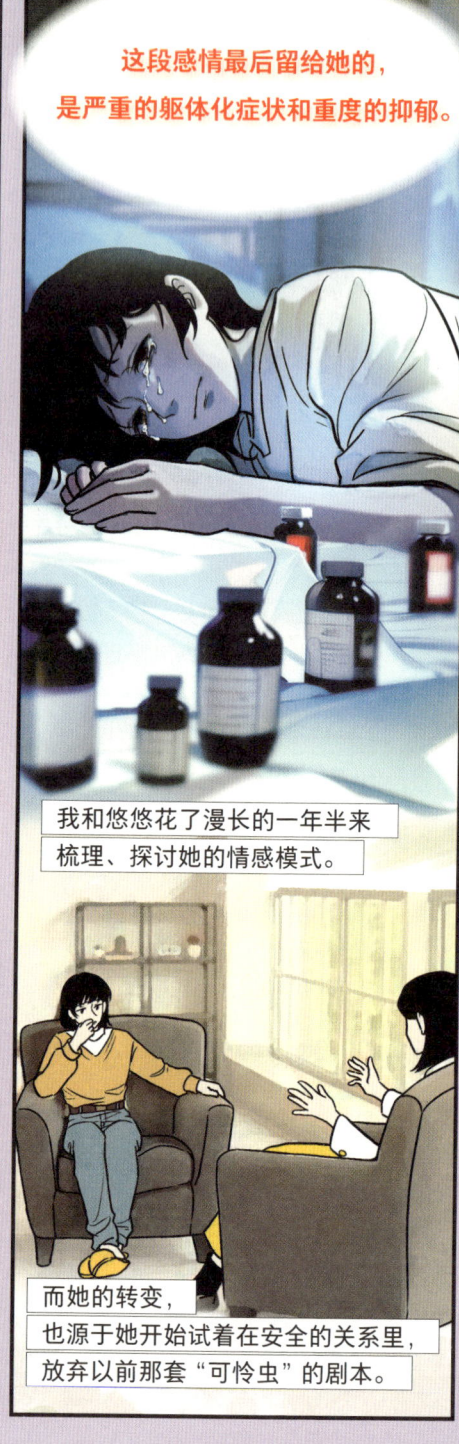

这段感情最后留给她的，是严重的躯体化症状和重度的抑郁。

我和悠悠花了漫长的一年半来梳理、探讨她的情感模式。

而她的转变，也源于她开始试着在安全的关系里，放弃以前那套"可怜虫"的剧本。

后来每当和异性相处交流时，她都会练习着表达自己的"力量"，而不是一味"示弱"。

有一次和相亲对象聊到健身话题时——

> 哪个男人会喜欢女人健身啊，一身肌肉又不好看。

> 力气这么大，让人一点儿保护欲都没有。

她试着捍卫自己的边界，表达自己的不舒服。

她也学着改掉谈话时自贬的习惯，不卑不亢地和别人对话。

> 我又不是为了谁而健身。

> 而且这一身肌肉是我很努力才长出来的，我很喜欢这样的自己。

有时，她也会当众展现自己的锋芒；有时，她也会表达自己在事业上的野心。

> 最近公司的升职机会，我想去试试。

> 可以啊，冲！我感觉你早就可以试试了。

在《第二性》里，波伏娃写道：

" 将来有一天，
女性不再用她的弱点去爱，
而是用她的**力量**去爱。"

长久以来，女孩们都习惯用**弱小的**、

迎合的、自我牺牲的，

甚至是任人拿捏的方式去与世界互动。

我想鼓励看到这里的每个女孩，
去试着用"力量"爱人——

你坚定地捍卫边界，
你自信地表达自己。

你勇敢、主动地争取你想要的。

慢慢地，
你会收获一份全然滋养的爱，
更会收获一个更有生命力的自己。

NO.2

**任何关系里
"被尊重"比"被喜欢"都更重要**

一个很微妙，
但又不可撼动的事实是：

**在传统的文化脚本里，
女性接受的是被爱教育，
男性接受的是成功教育。**

从小到大，
可能男孩们听到最多的是——

你要学会闯一闯，

长大后才能出人头地。

要听话懂事，
大家才喜欢你。

你性格这么泼辣，
以后哪个男孩子要你？

你这么贤惠顾家，
追你的男生一大堆吧。

**当执着于"被喜欢"时
我们常常会一头扎进
以爱为名的"有毒关系"里**

来访者小楼便是如此。

初中时，
班上女孩们传阅的各种言情小说，
她也看了不少。

那时她心里最大的愿望，
是有位"盖世英雄"
踩着七彩祥云来接她。

长大后，她没遇到心中的盖世英雄，却遇到了很多糟糕的伴侣。

有人以一种"霸总"的方式控制着她——小到穿衣打扮，大到交什么朋友，他都会干涉。

谁家好女孩化这么浓的妆？你真的被你那些朋友带坏了。

他也是为了我好，才一直管着我。

我要是不听他的，他是不是就不喜欢我了？

有人喜欢打压、挖苦她的一切。

你这份工作还不如不做，做了这么多年，没看你做出点什么来。

他只是替我着急，才这样说我。

还有人习惯性否定她的感受，每当她感到不舒服时，总会被指责。

你怎么这么敏感啊？你反应过度了吧？

好委屈啊，可是如果我反驳的话，他会不会不开心？

这些有毒关系带来的攻击，
一点点内化进小楼心里。
让她不断地内耗、自我怀疑、
自我否定。
甚至在咨询室里，我也能捕捉到，
她一直在寻求我对她的认可和赞许。
改变的契机，发生在一次谈话里。
当时我对她提出的某件事情
有些许迟疑，
她便着急地自嘲说：
我是不是说错话了？
你是不是不喜欢我了？
别的来访者应该不像我这么麻烦吧？
我跟她解释说：
其实在我们的咨访关系里，比起喜不喜欢，更重要的是“尊重”。
我很尊重你的每一次提问，
也会看见你的每一种感受和想法。
只要我们互相平视，真实的互动和疗愈就有可能发生。
其实，不仅是咨访关系，
可以说，
生活中的所有关系，
“被尊重”都要比“被喜欢”更重要。

我知道，很多在"被爱教育"下长大的人，
常常会无意识地接受"权力剥削"，
比如评判、控制、打压、否定……

因为我们的内心深处，
太恐惧"被讨厌"了。

哪怕别人的"喜欢"里有糟糕的对待，
我们也会自动过滤掉，并甘之如饴。

如果你也经常在关系里感到不舒服，
那么记得多问问自己：

在这段关系里，对方把我当成一个平等、自由的人吗？

对方尊重我吗？

这是一个重要的提问，
它会让我们知道——

执着于"被喜欢"，
会让人迷迷糊糊陷入**客体**困境。

追求"被尊重"，
才是女性发挥**主体感**的关键。

NO.3

有时你要学会纵身一跃
而不必先纠结于退路

前阵子我在短视频平台上，
看到这样一条热搜：

7 女孩子长大后是没有家的 [首发]　969.6万

这让我想到，我们的文化氛围里，一直在渲染——"女性没有退路，是很危险的"这类观念。

可能父母从小会"恐吓"女孩们，

要安分守己，不然没人给你兜底，

学什么工科，女孩子就该读师范，将来才能安安稳稳地找个好人家嫁了。

可能职场上不友善的现实，会告诉女孩们，轻易结婚、生子，是要遭受"惩罚"的。

我们这边的话，

如果考虑到你有结婚打算，可能会没办法跟你签长期的合约。

以至于许许多多的女性都会掉入一个思维陷阱——

无论做什么事必须想好万全之策，做好 100% 准备。

在事业上冒险，摔下来就是**粉身碎骨**的。

你还要兼顾家庭，不像男同事一样可以全心投入工作。

如果这个新项目做不好，我们估计没办法继续用你了，要考虑清楚哈。

但朋友晓梦，在经历了漫长的自我探索后意识到：

有时，你要先学会勇敢地往下跳，
再祈祷自己不是站在悬崖上。

她以前也乖乖听父母和亲戚的话，
考上了公务员，
日复一日地做着枯燥的文员工作。

有一天，她突然受够了
这一潭死水一样的生活。

她想出去闯一闯，想去开民宿创业，
但周围所有人都觉得她疯了——

你当时能考上公务员多不容易啊！

那么多人开民宿都倒闭了，将来要是失业了看你怎么办！

女孩子家家的创什么业，你不要把自己搞得没有退路！

但她还是很坚定，
带着十几万元的存款，
和闺密一起去大理开了一家民宿。

尽管如今云南的旅游业大火，
但在十年前，
这真是一个非常冒险的决定。

从选址，到盘下门店，
到装修设计，到采购各种物资——

每一步，晓梦都是非常忐忑的，
但同时心里也有个坚定的声音在说：

> 每个人都只活一次，
> 我不想再按部就班了。

> 就拼一次吧，就算失败
> 也值了。

起初的两年里，
生意不咸不淡，
营收只够她和闺密过日子。

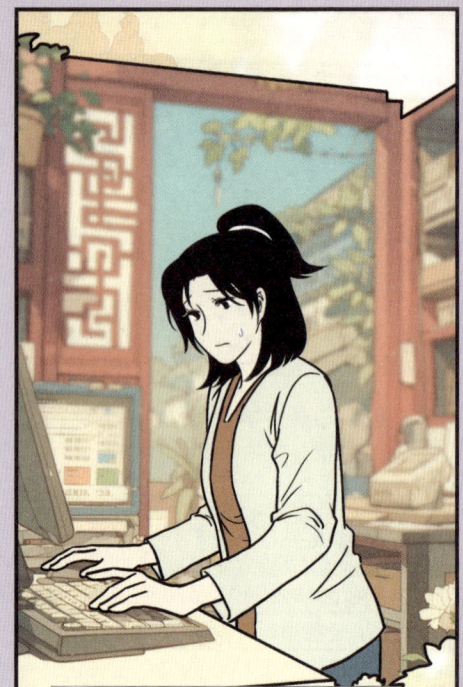

慢慢地，生意逐渐红火了起来，
现在她已经开了两家分店。

她给我分享了一个感悟——

> 有时，我们太过焦虑于悬崖
> 下到底是怎样的，其实反而
> 是在自我阻碍。

可能很多人看到这里，会说：

她只是运气好,抓住了机遇。

你分享的都是成功的案例,那些纵身一跃却摔得粉身碎骨的怎么不说呢?

首先我想说,如果你暂时还没有一跃而下的勇气,也没有关系。

我们也可以在悬崖边上,再观望观望。

我更想说的是,在朋友晓梦的故事里,重点不在于她是否成功了,

而在于她最终学到了宝贵的一课——

**不再执着于掌控感,
不再希望掌控未知的可能性。**

带着这样的心态,在未来的生活里,

也许她依旧会经历失败、走弯路、会受伤。

新的分店估计搞不成了,选址出了问题,完了。

没事没事,再试试别的吧。

这时,
她已经拥有了跳出桎梏的经验,

她正在走上一条自我解放的道路，一条"我可以—我选择—我负责"的道路。

愿看到这里的每个人，都能带着主体感，由衷地成为自己、支持自己、喜欢自己。

我发现社会上有很多女性，无论她们多么优秀，似乎总是在等待被允许、被认可。

在心理上，这一切的背后关乎一个概念：主体感。简单来说就是九个字：我可以，我选择，我负责。

主体感弱的人，时常活在别人的目光里，也会因此而产生很多自我怀疑和自我攻击，为了过"我应该如何"的人生而焦虑。

相反，主体感强的人，会有一种主角心态。无论在工作还是生活里，都更能走出别人的目光，主动去争取、去表达，努力去过上"我愿意"的人生。

其实，女性生来就有力量，只是常常在糟糕的养育环境里，被一点点否认和磨灭了。

英国女作家伍尔夫早在100年前，就在《一间只属于自己的房间》里写下了振聋发聩的句子——

"总会有人斩钉截铁地对你说：你不能做这件事，你也做不成那件事——而那恰恰是我们该去抗争、去克服的。"

是啊，当我们意识到自己是人生的主角时，一定能活得更加酣畅淋漓。

06 我喜欢这样丰富、立体、完整的自己

允许"部分的自己"不完美,才能看到自己的闪光点。

嗨,我是慢慢,一名心理咨询师。

我做什么事都会半途而废,是不是没救了?

我很讨厌自己的易焦虑体质,要怎么改啊?

无论是在咨询还是日常生活中,我经常听到这样的"自我批判"——

我是一个疑心很重的人,每次都会把关系搞砸。

不知道大家发现没有:当我们想变好的时候,

总是会下意识地先揪出自己的"缺点",

再批判它,剔除它。

但不得不说，
这种"自我批判式"的变好，
真的让人很痛苦。

怎么理解呢？

大家可以先听一听
来访者阿莫的故事。

那有没有"无痛"的方法，
让我们变好呢？

我观察了很多来访者的变化，
也跟身边很多朋友聊过，

发现"无痛"变好的秘诀，
在于五个字——

"**部分的自己**"

来访者阿莫
被抑郁情绪困扰已久。

每次来到咨询室，
她都会疯狂地用语言"殴打"自己，

细数自己身无所长，
方方面面都很糟糕。

比如，她毕业 8 年了，工资一直没有怎么涨过。

每个月拿着几千块工资，干着机械重复的活儿。

看着身边的同事，一个又一个奔向更好的前程，

只有她，畏畏缩缩，不思进取。

"我真的是个废物，"

"在一家没前途的公司一待就是八年，每天就是摸鱼度日，浪费生命……"

比如，她和家人的关系处理得一塌糊涂。

每次矛盾一升级，她就跟小时候一样，只能逃跑、躲起来，毫无招架之力。

"前天凌晨我爸妈又吵架。"

"我完全受不了，自己一个人冲到大马路上……"

"竟然想用放弃自己的生命来逃避，真的是没救了……"

比如，她对男友十分愧疚。

在经济上，她收入一直不高，需要男友分担她一部分的生活开销。

在精神上，她陷入抑郁状态，需要男友给她提供情绪价值。

这让男友负担很重。

我真的很没用，又很自私！眼看着他和我在一起之后累了很多，我却还抓着他不放。

碰上我，他真的是太倒霉了……

几乎每一次咨询的 50 分钟里，

有一大半的时间，她都深陷在滔滔不绝的"自我批判"里。

在某一次咨询中，我终于打断了她。

我知道，你对自己还有很多的"不满意"，不过我觉得可以留到下次再跟我说。

啊……好吧。

接下来的 20 分钟里，我希望你对自己好一点，夸一夸自己。

可我就是这么没用的一个人啊，我的生活也一团糟……

面对阿莫的困惑，我给她做了一个示范。

在我们的咨询中，

我发现你确实一直在批评自己，攻击自己，甚至多次表示要放弃自己。

但这只是你的一部分，

不意味着你是一个"讨厌自己"的人。

面对很多不如意的情况，你找到了我，坚持做心理咨询。

这说明你身体里有一部分是"喜欢自己"的。

这部分的自己，一直由衷地希望你能好起来。

使用"部分"，是心理咨询中常用且有效的治疗技术。

当我们发现了自己身上的某个问题，很想去解决它时，

常常会因为离它太近，眼里只能看到它，会误以为：我们就是问题本身。

坏了坏了，所有叶子都被虫咬烂啦！

而当我们意识到，问题虽然存在，但它只是我们的"一部分"时，

相当于，我们站在一个远一点的位置去看自己。

这样，我们才能看见问题之外的"部分"，看见一个更全面的自己。

原来还有这么多叶子是好的，树也还在生长。

至于如何操作，就像我给阿莫的示范——

①
不要用问题定义自己
试着去描述问题行为

这段时间，我确实经常批评自己，攻击自己。

②
告诉自己，有问题行为的我
只是自己的"一部分"

习惯攻击自己的，
只是"部分的我"。

③ 寻找和看见自己的"其他部分"

我也有很多行为是在保护自己，
我身上也有"喜欢自己"的部分。

听了我的建议之后，
之后的几次咨询里，

阿莫开始减少自我批判，
试着"站远一点"，
去重新看待那个被她疯狂吐槽的自己。

她毕业8年了，却依旧拿着跟新人差不多的几千块工资。

每天做着机械又重复的工作，也没力气去进取。

这些年我确实对工作没有太用心，但这只是我的一部分。

不能决定我就是一个不思进取的废柴。

虽然我没有晋升，但我也没有辞职呀，我一直在工作。

我确实比较害怕冲突，不仅是跟家里人，跟朋友、同事也是。

我知道我需要这份工资，也还能勉强养活自己，维持我的日常生活。

但这只是我的一部分，不意味着我就是一个软弱没用的人。

这说明我还算比较谨慎，对自己负责吧，这也是我的一部分。

她习惯性逃避和家里人的矛盾，甚至不惜用危害自己生命安全的方式。

那天晚上我情绪一激动，就跑出去了。

但我很快就回过神来，吹吹风、散散步就回家了，回家路上还打电话找朋友倾诉……

我想，无论是逃离现场，还是找朋友倾诉，都是一种自我保护意识吧！
这也是我的一部分。
她十分依赖男友，
需要他照顾她的生活，
给她提供情绪价值。
这让男友压力很大，
她也十分自责。
在这段关系里，我确实对男友有比较多的需要和依赖。
但这只是我的一部分，不能说我就是一个不独立的人。
虽然我还是很需要他，但我也努力发展其他关系。
比如来找咨询师寻求帮助，不把所有情绪和需求都放在亲密关系里。
我正在努力平衡独立性和依赖性，在认真地为这段亲密关系考虑。

这也是我的一部分。

当阿莫一点一点觉察到自己身上的其他"部分"时，

那些过去一直困扰她的"缺点"，也不再那么庞大了。

她慢慢地看见了一个更加丰富、立体、完整的自己。

比起自我批判，努力想剔除缺点，

寻找其他"部分的自己"的过程，其实并没有那么痛苦，而是温柔的、接纳的。

这也让她萌生出一股强烈的动力，她想努力去发掘自己身上拥有的其他能量和资源。

阿莫的故事讲到这里，我想分享这样一段话，出自《也许你该找个人聊聊》——

"
心理治疗师从一开始就知道，
他们见到的每个来访者，
都只是一张抓拍的快照，
只记录了某个人的某个瞬间。

或许这张快照的拍摄角度不怎么令人满意，
刚好捕捉到了你尴尬的表情，

但一定也会有把你拍得
容光焕发的照片，
捕捉到你正在打开礼物时的表情，
或是和爱人一起面带春风的样子。

无论是好是坏，都只是那个瞬间的你，
并不代表你的全部。"

这段话非常生动地描述了
"部分的自己"这个概念。

不单单是在咨询师眼中，
在家人、朋友、伴侣，甚至路人眼中，

你都不只有一个部分，
你也不会被某一个部分所定义。

重要的是，我们自己
是否能觉察到这一点。

所以，如果你发现自己陷入了
严重的自我批判，
给自己贴了很多负面的标签，

我想分享两个找到其他
"部分的自己"的方法——

①

可以找朋友、家人、伴侣，任何你信任的、亲近的人，

从一个旁观者的角度，帮你描述你的处境和你的行为。

呜呜呜呜……我竟然做了这么无脑的决定。我真没用！

这个决定不一定是最好的，但你需要考虑大局。

保守谨慎一点也正常呀！

他们了解我们，但又和我们面对的问题，有一定的距离，

所以可以更清晰地看到"其他部分"。

②

也可以试着把那个负面的"部分"画出来。

描述一下，它叫什么名字，长什么样子，经历了什么，它又有什么话是想对你说的。

* 如果觉得画画比较难，也可以拿任何一个玩具或者公仔代替它。

绿皮小鸭

披着厚厚的斗篷
拖着一大又破的包袱
里面装的
都是过去
受伤害的回忆

这个部分的我，
一直没有放下过去。

所以它经常内耗，
做事情犹犹豫豫的，
生怕失败被批评……

但它想跟我说，它没有放弃努力，虽然走得比较慢，但它一直在前进。

当这个困扰我们的"部分"呈现在纸上，或者变成一只公仔时，

我们就会发现，
虽然它是从我身上出来的，
但它不是我的全部。

我们每一个人身上，
都有痛苦的部分、无力的部分、
想放弃的部分。

与此同时，
我们身上也都有快乐的部分、
有力量的部分、坚持到底的部分。

想要变好,不是批判自己,
不是费尽力气去剔除负面的"部分",

而是允许它们存在。

希望我们把力气留在
发掘自己的"其他部分"上面,
能允许自己完整,
也能看见完整的自己。

在《给心理治疗师的礼物》一书中提到：使用"部分"是心理咨询中常见且有效的技术，这可以减少来访者的防御和否认，用一种更温和的方式去探索问题。

比如，咨询师可能会对一个极度悲观的来访者说：

"我理解你觉得十分沮丧，有些时候你想要放弃，但你今天还是到了我这里。你的一部分把你的其他部分带到了咨询室里。现在我希望能和你身上那个想要活下去的部分谈话。"

其实，在日常生活中，我们也可以用"部分"这个方法，来面对自己和旁人的问题。当你发现自己或身边的人被问题和痛苦裹挟时，可以试着这样表达：

"我看见了你的 A 部分，我也意识到你的 B 部分。现在，我可以和你的 A/B 部分说说话吗？"

很多时候，我们面对痛苦和问题，很容易进入"一叶障目"的状态，越是盯着它不放，越是迫切地要解决它，甚至拿着放大镜去研究它，就越会误以为我们就是这个问题本身。

但实际上，如果我们愿意站远一点去看，就会发现，无论是缺点还是问题，它们只是"部分"，它们无法定义我们。

过去，我常常把自己定义为一个"缺爱"的人，并且很不喜欢这样的自己，很想隐藏起来。

直到一个朋友跟我说："'缺爱'只是你身上的一部分，是你过去的经历留下的一个印记的标签而已。我看到的你，很丰富，很立体，不是简单一个'缺爱'的标签就可以概括的。"

这句话给了我观察自己的新视角，也给了我很多的力量，甚至后来我也是因为"缺爱"这个部分，而走上心理学的学习之路。

PART3

相信自己是足够有力量的

01 去做一件能让你全身心投入的事
专注，会让你的精神能量充盈起来。

嗨，我是慢慢，一名心理咨询师。

每年一到 3 月，国内的精神科门诊就会变得异常忙碌。

连绵阴雨、倒春寒、回南天，都影响着人的情绪。

我们公众号后台的留言，也有很多焦虑的声音。

其中有位读者的提问引起了我的注意，

最近心情特别丧，但我已经很努力让自己变开心了。

看各种搞笑段子、每天加油打气……却一点儿用都没有。

读者A

有没有什么办法可以帮我走出消极的状态呢？

这是一个很常见的误解。

我们都觉得，
"积极"可以打败"消极"。

但我想说，
应对"消极"的最好办法，
其实是"专注"。

当消极情绪出现时，
不妨先去专注地
做一件你喜欢的小事。

看到这儿，你可能会想：

"
专注这个词，听起来让人压力好大，
怎么还能化解消极情绪呢？
"

别急，先听我分享一段
最近的奇妙体验。

上周五，
我因为工作上一个难搞的问题，
失眠到半夜。

好不容易眯一会儿，
一起床，
脑袋里立马出现两个声音——

你怎么还没
把问题解决好？

你可真差劲啊！

两个声音循环播放，
扰得我心慌意乱，浑身无力。

当时老赵已经带着小航去参加春令营，家里就剩我一个。

我原本想，不如瘫一天算了。

后来突然想到，冰箱里还有没吃完的菜，我也好久没有为自己做一顿饭了。

于是我决定把手机关了，扔在一旁，专心做饭。

先从冰箱里拿出排骨、虾、白玉菇、鸡蛋和豆腐，

再用温水把肋排洗净，同时切好蒜末、葱花和豆豉碎，作为小料备用。

往肋排里加入料酒、生抽、小料和淀粉，认认真真地，给肋排做了一套按摩。

185

在用中火蒸排骨的过程中，我又另起了一个锅烧水。

把豆腐、剥好的虾、白玉菇和鸡蛋先后倒入锅里，再加入盐和味噌。

等到豉汁排骨快蒸好的时候，锅里的豆腐鲜虾菌菇汤也传来了扑鼻的香气。

听着汤汁发出嘟噜嘟噜的声响，那一刻，我感到莫名的安定。

脑海里那两个烦人的声音，不知道从何时起，就消失不见了。

后来，我把排骨和汤摆上餐桌，又舀了一碗白米饭，

坐下来优哉游哉地细心感受它们的咸淡和嚼劲。

心中的愁绪，似乎也在这个过程中，被一点点地咀嚼、消化了。

可以说，"专心做饭"这件事，及时把我从沮丧的状态里拉了出来。

那么，"专注"到底有什么神奇之处？它是怎么帮我们应对消极心态的呢？

在我看来，它有两个好处——

> ① **短期看**
>
> 专注在当下的体验里
> 能帮我们逃离"思维的苦役"

脑神经科学研究表明，我们的大脑有两种运转模式——

默认模式网络（DMN）

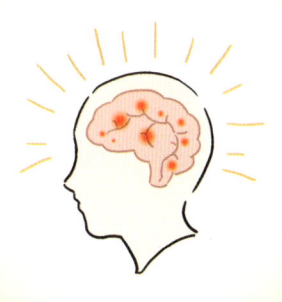

专注网络（TPN）

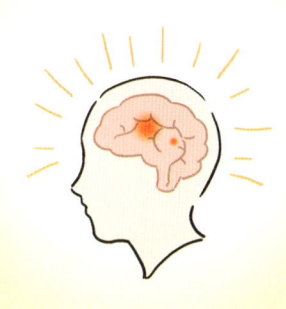

"思维的苦役"
其实就是由过度活跃的DMN造成的。

它会不断地把各种负面想法
传输到我们的意识里，

让我们时而反刍过去，
时而忧虑未来，
时而评判、攻击自己……

要是我当时不……
就好了……

万一……怎么办？

我太失败了……

所以我们才会有内耗，
才会变得不安、消沉。

而 DMN 的对手，就是 TPN——

当专注地做某件事时，
大脑会自动切换到 TPN 模式里。

在这种模式下，我们的注意力
会聚焦在此时此刻的感官体验上，

也会和头脑里的想法，
隔开一段距离。

不与它们过度纠缠，不触发消极的情绪。

因此，我们会收获平静的心态。

在这种心态下，我们对那些困扰自己的问题，反而会有清晰的理解和思路。

就像我，在专心做饭过后，那个难以解决的问题，我仍然解决不了。

但不同的是，我没有再被困住，

我想到了，我完全可以去找一个帮手，比如我的老师。

当时，我感觉豁然开朗。

终于能好好过个周末了！

② 长远看

专注带来的"心流"
能滋养我们的生活

189

所谓心流，

指的是当你全情投入热爱的事物时，流淌在内心的能量。

相信大家一定有过这样的体验——

沉浸在某些事物里时，总会觉得时间过得飞快。

这么快就12点半了！

结束后，还有一种酣畅淋漓的感觉，觉得很满足、很愉悦，有幸福感。

积极心理学家米哈里在《发现心流》里提到：

" 心流，是能被积攒下来滋养苦闷生活的。"

工作室的同事小颖，

对抗烦闷工作的方式，便是做很多能让她专注的事。

她书架上有很多侦探悬疑类小说，

因为这种类型的书，
总能让她沉浸在情节里，
一气呵成地读完。

每当谜底揭晓时，
她也会有"破案"的成就感。

又比如，

她爱上了游泳，
每周五下班，
她都会在泳池里待一会儿——

放空自己，
去感受肌肉的收缩和伸展。

每次游完后，
她工作日积累的疲惫和苦闷
也像被消融了。

这些"心流"体验，
持续补充着小颖的精神能量，

给她的生活带来巨大的变化——

刚入职时的她，总是垂头丧气的，

明明特别努力工作，
效率却很低，也很难收到正反馈。

现在的她，因为精神状态好了，
反而不会时刻绷紧自己，
而是张弛有度。

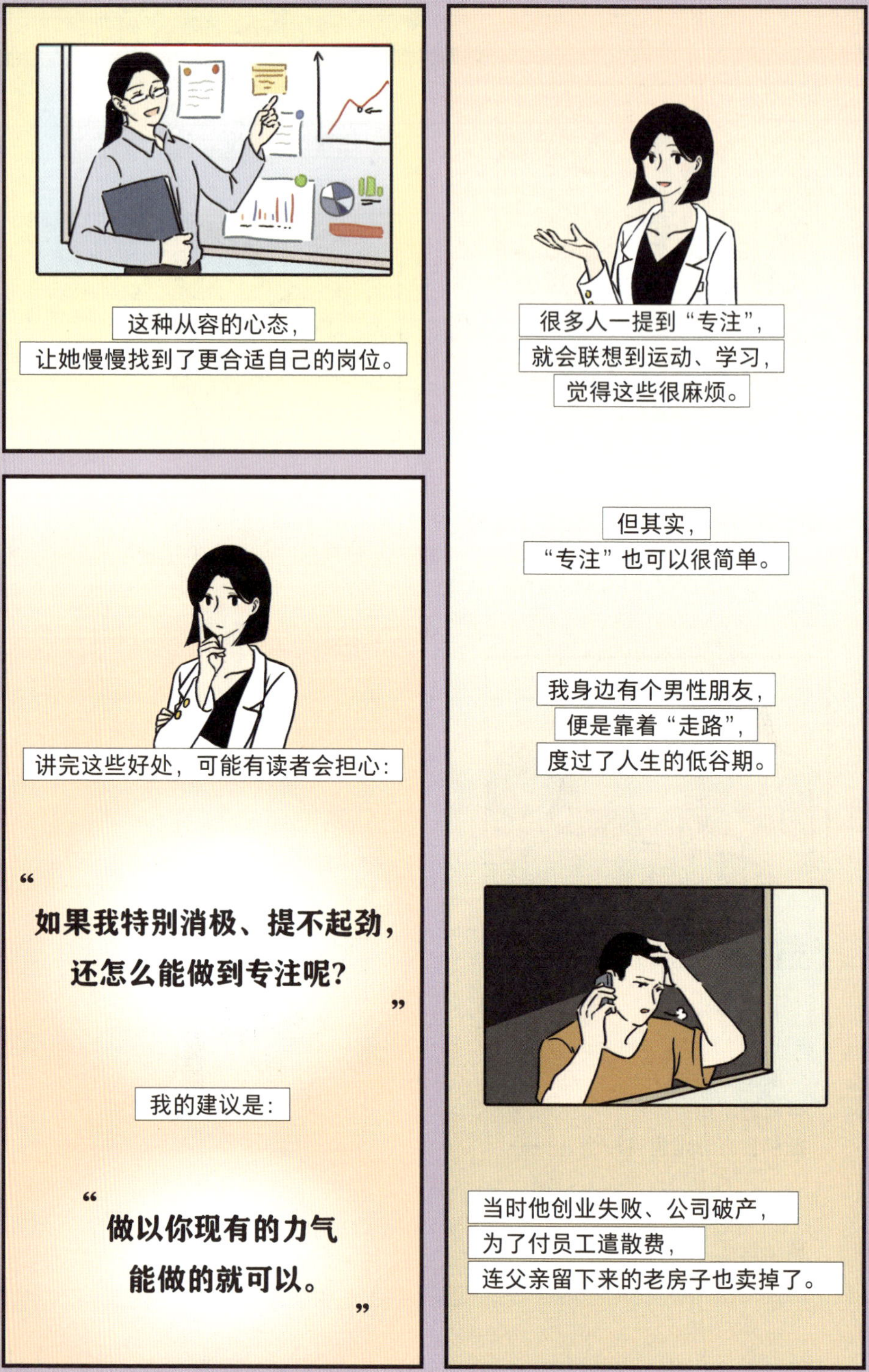

这种从容的心态，
让她慢慢找到了更合适自己的岗位。

很多人一提到"专注"，
就会联想到运动、学习，
觉得这些很麻烦。

但其实，
"专注"也可以很简单。

我身边有个男性朋友，
便是靠着"走路"，
度过了人生的低谷期。

讲完这些好处，可能有读者会担心：

"如果我特别消极、提不起劲，
还怎么能做到专注呢？"

我的建议是：

"做以你现有的力气
能做的就可以。"

当时他创业失败、公司破产，
为了付员工遣散费，
连父亲留下来的老房子也卖掉了。

"我那套房子能卖多少?尽快帮我出吧!"

那段时间,他每天躲在出租屋里,心里满是郁郁不得志的惆怅。

他不想出门见朋友,更提不起力气做任何事,就连胡子都两个多月没刮。

有一天,他突然想出门走走,透透气,这一走,竟变成了他的习惯——

他没有固定的方向,他只知道,在走出家门时,身体会引领着他向左或向右。

他没有固定的散步时间,有时很短,有时会走很久。

在走路的过程里,他不去思考任何东西,只是专注于脚下的每一步,

用肌肤去感受风吹和日晒。

遇上傍晚时分，
他还会放慢脚步，
看日色渐渐变化。

每次散完步回到家，
他都会感觉心里的郁闷少了一点，
做事的动力多了一点。

就这样走啊走，
走了半年多的路，
他慢慢恢复了对生活的信心。

后来他回到家乡，
跟朋友合伙开了家饭店。

老王、明哥！
又来了！

后来每当生活不如意时，
他总会想起这段经历，然后告诉自己：

"
**不开心？
那就去专心走路吧！**
"

所以我鼓励大家，
去试着找到自己喜欢的事，
练习专注——无论多小的事都好。

比如有人爱看电影，
那可以试着——

不要开倍速播放，不要拖进度条，
把注意力放在屏幕上，

跟随镜头，
观察主人公的动作、言语、情绪。

有人喜欢手冲咖啡，那不妨——

细细留心每个步骤：
称豆、磨粉、烧水、冲泡，

去专注于水流的控制，
去闻闻咖啡的香气。

我们可以时不时地
在这些小事上练习专注，
直到它变成一种习惯。

朋友把这样的习惯，
比喻为"能量胶囊"。

我很喜欢这个说法，
因为它体现了我们的能动性。

是的，生活总是充满未知，
你永远不知道哪一刻
会被卷入焦虑、消极的旋涡里。

但好在,
我们总能提前准备一些胶囊,
不如意时就"服用"它们。

等到能量恢复时,
再去想办法应对问题。

对了,当又渡过一关时,
别忘了摸摸自己的头,

说一声:

"
辛苦了,
你已经做得很好了!
"

愿我们都能以良好的心态,
去面对生活的多种可能。

《心流：最优体验心理学》一书里写道：

"幸福是你全身心地投入一桩事务，达到忘我的程度，并由此获得内心秩序和安宁时的状态。"

在当下这个社会，时间和专注力都是极为稀缺的资源。

可能很多读者看完漫画后，心里还是有疑问：

"我做不到长时间地专注，很容易就分心，怎么办？"

其实，用"专注"把自己从消极的状态中解救出来，重点不在于时长，而在于：

去做一件能让你全身心投入的事，越多越好。

无论专注的时间有多短，我们都可以在专注的过程中，收获疗愈和滋养。

每当焦虑、疲惫、不安的情绪涌现，很小的事情也足以帮你找回一些平静。

比如，沉浸地看一部电影，认认真真地给衣柜来一次收纳，找个舒适的位子坐下来冥想一次。

我也鼓励你试试这个方法，哪怕只是短短的十分钟，相信你也会体验到专注带来的安宁与幸福。

02 在好的孤独中找回自我

学会独处，能让我们更加了解自己，更从容地活出生命力。

嗨，我是慢慢，一名心理咨询师。

每次一分手，我就会立马谈下一段恋爱。

唉，我也不知道为什么自己会这样……

她真的如别人所说的"太渣了"，还是说她是"恋爱脑"？

在和她深入探讨后，我发现并非如此。

前阵子，师妹晓楠来找我聊情感上的问题。

她不明白，为什么自己总是无法忍耐空窗期。

我害怕空窗期，是因为害怕一个人生活。

每次独自待着，都会觉得心里特别慌。

她的困扰背后
藏着的是一种深深的匮乏，
她缺乏——

与自己相处的能力

——也就是在没有他人存在时，
我们仍能满足内心需求的一种能力。

心理学大师温尼科特
有这样一个观点：

拥有独处的能力，
是一个人成熟的显著标志之一。

听起来，
这真的是一种很好、很重要的能力。

但遗憾的是，
通过这些年来做咨询的观察，我发现：

我们大部分人
是很欠缺这个能力的。

相信你在生活中，也有过这种体验：
独自待着时，
总是感到孤独、空虚、不安，

或是用各种方式来逃避独处。

比如机械地刷短视频，
不停地找人聊天……

找谁聊天好呢？

你有空吗？

在吗？

……

为什么我们总是没办法和自己待在一起？

其实，这跟我们幼年时的"独处体验"密切相关。

借用师妹晓楠的故事，我们接着说——

晓楠的妈妈在生下她之后，就得了严重的产后抑郁，几乎没照顾过她。

常常是妈妈躺在床上睡觉，她一个人和布偶玩耍。

她哭了，妈妈不理；她饿了，妈妈不管。

有一次她从自行车上摔下来，喊了好久，妈妈也没醒过来抱她。

一直等到爸爸忙完生意回家，才帮她抹干眼泪，给她擦药。

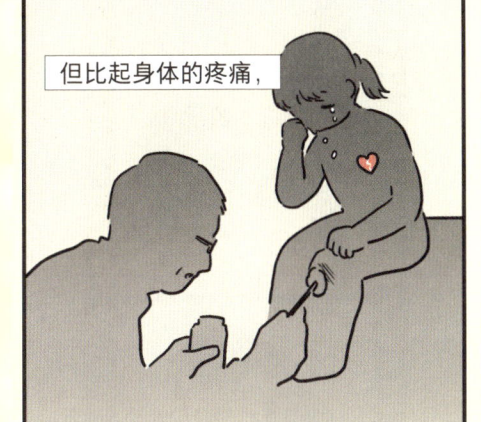

但比起身体的疼痛，

她的心更加难受——

在等待的那段时间里，她就像掉进了一个无底洞，无论发出什么声响，都没人回应。

那天过后，晓楠开始害怕独处。

每天要么黏着忙碌的爸爸，要么去玩伴家串门。

因为她觉得，如果一个人待着，就有可能再一次掉入那个"无人回应的深渊"。

她真的真的不想再次经历那种绝望了。

这样的恐惧，一直延续到她成年后的每一刻。

在亲密关系里，她极其依赖伴侣，总是需要对方随叫随到。

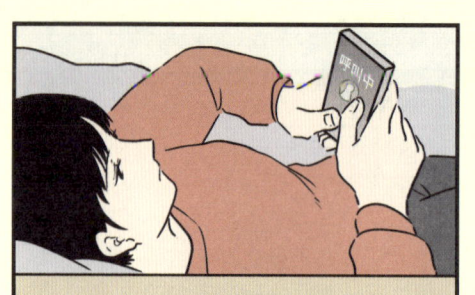

有一次男友去出差，
她半夜醒来很害怕，
一个电话打过去，
一聊就是两个多小时。

"我刚刚做噩梦了，
你快陪我说说话。"

她觉得，哪怕只听着对方的呼吸声，
自己也会变得很安心。

然而，这种高需求的恋爱模式，
"吓跑"了很多人。

她只能在每次分手后，
马不停蹄地投入下段恋情，
投入对另一个人的依赖里。

甚至，在和朋友的关系里，
她也非常黏人。

每逢节假日，她就会到处呼朋引伴，
要大家陪她逛街、吃饭。

晓楠
周末有没有人出来唱K呀？好无聊啊啊啊😂

1小时前

晓楠希望自己的生活
能被伴侣和朋友们填满，

不留一点空隙，
不给自己一个人待着的时间。

202

直到疫情刚爆发那会儿，

她刚分手，
加上又是密切接触者，
最终只能"被迫独处"。

那段时间，对晓楠来说，极其难熬。

白天，她很空虚，
什么都不想做，连饭也吃不下。

一到夜里，
孤独的感觉就如同汹涌的海水一样，
充满了整个房间。

她像个溺水的人，
不停地向别人"呼救"——
发信息、打电话。

对不起，您所拨打的电话，
暂时无法接通，
请稍后再拨……

如果别人没有回应，她就会很慌，
有时甚至还会失控地
像孩子般哭出声来。

那段时间，
我感觉心里特别不安全，
身后没有一丁点儿"支撑"。

其实，晓楠所说的"支撑"，
在心理学上有个概念可以解释——

"好的内在客体"

当我们还是婴孩，
待在妈妈身边"独处"、各做各的事时，

妈妈对我们发出的每一个需求，
比如饿了、困了，

都能及时、充分地满足。

妈妈在呢！

这种好的"独处"体验，
一遍遍地重复之后，

我们的心里，
就会住进一个"好妈妈"的形象，
即"好的内在客体"。

"好的内在客体"
是我们内心的一根定海神针。

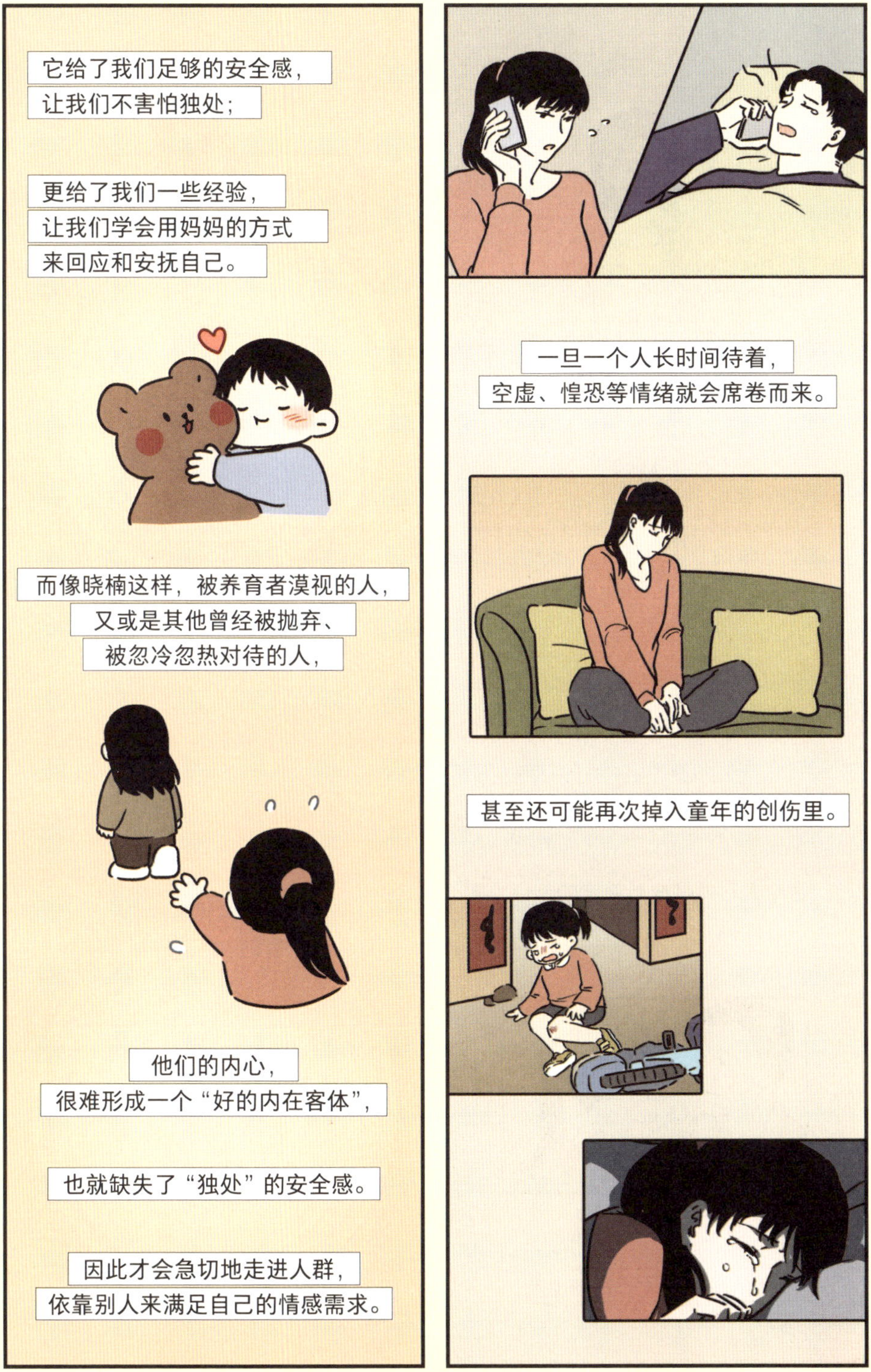

它给了我们足够的安全感，
让我们不害怕独处；

更给了我们一些经验，
让我们学会用妈妈的方式
来回应和安抚自己。

一旦一个人长时间待着，
空虚、惶恐等情绪就会席卷而来。

而像晓楠这样，被养育者漠视的人，
又或是其他曾经被抛弃、
被忽冷忽热对待的人，

甚至还可能再次掉入童年的创伤里。

他们的内心，
很难形成一个"好的内在客体"，

也就缺失了"独处"的安全感。

因此才会急切地走进人群，
依靠别人来满足自己的情感需求。

在理解了这个原因后，

我们来看看，
怎么养成独处的能力。

NO.1

**我们可以重新找一个"好妈妈"，
让"她"住进自己心里**

这个人可能是成熟稳定的伴侣，

可能是接纳、爱护你的朋友，

还可能是一个专业的心理治疗师。

在"她"身边，
我们可以不断地获得——
"被及时回应、被充分满足"的体验。

慢慢地，
这些体验就会内化进我们心里，
成为一个新的"好的内在客体"。

当然，你也可以
成为自己的"好妈妈"。

我给师妹晓楠的建议就是——
每天尝试独处半小时。

在独处的焦虑里面待一会儿，
可以试试闭眼冥想——

想象她和自己相遇，告诉自己：

"**我看见你了**"，
"**我听见了你的需要**"，
"**我会及时回应你，好好照顾你**"。

然后再做出行动——

需要陪伴时，张开手抱抱自己；
焦虑不安时，伸手拍拍自己；
感到疲惫时，让自己泡个热水澡……

NO.2

逐步构建自己的"情感支持系统"

我们可以尽量多地去摸索
能帮助自己在精神上自给自足的事物。

比如一些爱好：
跑步、阅读、电影、种花……

这些爱好，能帮我们在独处时
很好地陪伴自己、充实自己。

比如一些静观内心、自我探索的方式：
正念冥想、情绪书写……

感到不安时，我们不用对外索取安抚，
也能依靠这些方式，

向内倾听，
和自己的思绪、想法待在一起。

有时，抚慰我们的情感的
还可以是一只宠物。

就拿同事小薇来说吧，
在养了一只小猫之后，
她开始不害怕独居生活。

倒不是因为猫咪给了她陪伴，
相反，猫咪经常对她爱搭不理。

咪咪，过来。

但她从猫咪身上学会了
如何在独处时，
最大程度地取悦自己、照顾自己。

这种不假外求的愉悦体验，
会给我们带来独处时的正向反馈，
让我们越来越有能力
和自己待在一起。

当然啦，以上这两个方法不分先后，
你完全可以按照自己的习惯和需要，
慢慢练习。

很多读者看到这里，
可能还有一个担忧：

如果我养成了"与自己相处的能力"，
那我会不会越来越习惯独处，
甚至变得孤僻？

我想说：不会。

健康的独处能力，并不等于"封闭"，
因为和自己相处好了，
我们会更好地接纳和关怀自己，

更愿意相信自己配得上
好的人、事、物，
也因此，我们更乐于与人联结。

同时，我们在关系里也会更从容，
更敢做真实的自己。

因为我们的内心
已经有了一份底气——

"
**我不必完全依赖对方
来满足自己的需求。**
"

最后我想说，
如果你暂时做不到和自己相处，
也没关系。

本期这篇漫画，
更多是为了帮你理解自己。

那些因为害怕寂寞
而做出的种种"怪异"行为——

过度黏人，无法忍耐空窗期，
在婚姻里的高需求……

都不意味着你不好、你很差劲，
而是在提醒你：

你有一部分能力丢失了，
你只需要把它一点点地找回来就好。

我很喜欢一句话：

"独处的时光，
决定了我们如何成为自己。"

愿你能被爱、能被人群拥抱，
更愿你最终能勇敢地
拥抱自己、爱自己。

客体关系理论认为，每个人的内在关系模式，决定了我们与他人、社会、世界和自己的相处方式。

我们在关系中那些"怪怪的"行为，比如：一进入关系就患得患失、放不下伤害自己的关系、习惯性回避对方的情绪……本质上，都是我们的内在有一个角落，从没被看见和好好地抱持过。

而独处，就是这样一个照见自我的机会。

我很喜欢周国平老师的一段话：

"独处是灵魂生长的必要空间。在独处时，我们从别人和事务中抽身出来，回到了自己。"

学会独处，不仅能获得一个难得的空间，能和自己的情绪、想法、感受待在一起，让我们有了自我了解、自我增益的机会；更重要的是，这种能力会帮我们在关系里更从容，让我们更有底气和勇气，去拥有那些允许我们做真实的自己的关系。在这些关系里，我们所收获的是点亮一个人生命的力量。

03 如何没有负担地"摆烂"

"臣服",是一种无条件顺应、接纳当下的心态。

嗨,我是慢慢,一名心理咨询师。

不知道大家在生活中,有没有发现一条神奇的规律:

**有时,
我们越"不想要"某个东西,
反而越容易得到。**

比如,工作上——

当你追求完美、想抠好每个项目细节时,成果往往会让你失望。

而如果你"摆烂",只是顺其自然去做时,成效反而大都不错。

比如,关系里——

越是小心翼翼地经营感情，
关系越容易破碎。

一旦你不那么在意，
不把对方当成生活的全部，

关系反而会细水长流，变得稳固。

我今晚做了你爱喝的罗宋汤，
你啥时候回来呀？

还有，最常见的失眠问题——

当你不断地对自己说
"我要睡着，我要睡着"时，

脑子会更清醒。

而不再强求睡着时，
困意可能就袭来了……

这到底是为什么？

很多人觉得这是一种玄学，
但其实，这在心理学上是有理有据的。

接下来，我们就来展开聊聊原因，

并且思考，我们要如何运用这条
"越不想要，越容易得到"的规律
更自在地生活。

师妹小雅之前发过一条朋友圈，我特别喜欢——

> 小雅
> 当你完全做好一个人生活的准备时
> 当你根本不需要另外一个人时
> 真爱，反而会悄悄浮现❤
> 2天前
> ♡ 慢慢

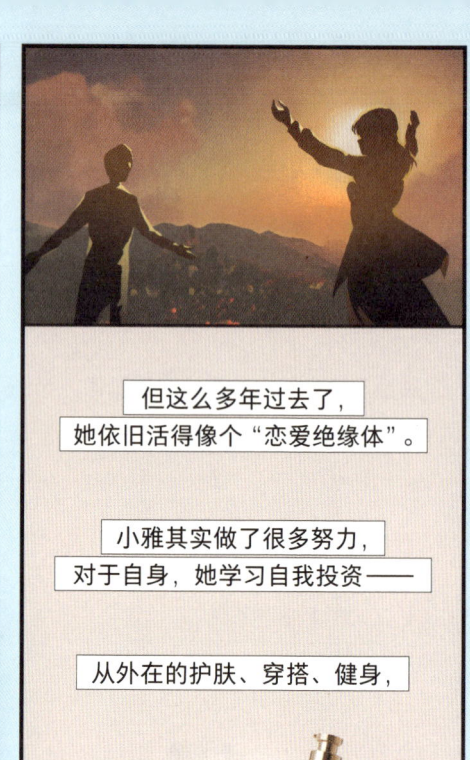

从小在寄养家庭里长大的她，一直缺乏安全感，渴望被爱。

她想找到一段稳定的亲密关系，在30岁前结婚。

但这么多年过去了，她依旧活得像个"恋爱绝缘体"。

小雅其实做了很多努力，对于自身，她学习自我投资——

从外在的护肤、穿搭、健身，

到内在的上情商课、培养各种爱好。

对于每段有机会发展成恋爱的关系，
她努力经营——

她会到处打听
对方喜欢吃什么、看什么、玩什么，

以便有共同话题。

> 你知道他平时爱看哪一类电影吗？
> 科幻的，
> 还是悬疑的？

和对方相处时，
她也会制造机会表现自己，
投其所好。

> 我也很喜欢诺兰的科幻电影，
> 《星际穿越》我刷了好多遍。

尽管如此，她还是要么被拒绝，
要么在暧昧期过后，
就没再进入下一阶段。

小雅的心态，
也从一开始的"我到底哪里出了问题"
到"我要怎么补救"，

最后变得心灰意冷。

33岁那年，
她彻底摆烂，放弃了"脱单"——

她不再每天研习穿搭、上各种情商课，

"吸引男生的20条实用攻略"之类的，
她一句都不想再看。

> 今天怎么舒服怎么来吧！

她卸载了手机上的交友软件，在朋友给她介绍对象的时候，她也不再"抓紧机会"了。

> 这个男生你感兴趣吗？

> 算啦，我现在不考虑找对象了。

带着两只猫和一盆两米高的散尾葵，她搬回了老家。

她租了套商住两用的公寓，开了家网店，做自己喜欢的手工布艺包包。

就这样，小雅开启了独居生活。

但没想到，

"桃花运"反倒接二连三地来了。

先是在同学聚会上，她被小学同学要了微信，后面又被频繁约出来吃饭、逛街。

> 可以加一下你的微信吗？

之后，又被镇上一个电商同行热烈追求。

后来，她又因为救助流浪猫，认识了一个小她5岁的男生，阿铠。

两人一见如故，
总有聊不完的共同话题。

小雅在阿铠面前，
完全不需要刻意装扮自己。

有时她连头都不用洗，

两个人能乐呵呵地在家楼下的大排档，
相约吃一份热辣可口的宵夜。

也因此，两人感情迅速升温，

最近，
他们已经在准备办婚礼了。

跟我聊起这些时，
小雅说自己真的要感谢老天给的缘分。

当时我笑着说：

你应该谢谢你自己啦！

她一脸不解之色。

"我自己有什么好感谢的？我都自暴自弃了。"

"恰恰是你的'自暴自弃'，带来了心境上的改变。"

这种心境，其实就是我们开头讲到的"不想要"。

所谓"不想要"，倒不是说真的把渴望的事物远远推开。

它指的，是一种松弛的、不死磕的、顺势而为的心态。

你看，当小雅执着于"一定要在30岁之前结婚"时，

她的内心是紧绷的，也会生出许多对自己的苛责和逼迫。

"我刚刚是不是说错话了？"

"他会不会对我不感兴趣？"

在这种紧绷的状态之中，
她自然会束手束脚——

只想着如何在男性面前"用力表现"，
寻求对方的认可，
而无法伸展自己，发散原有的魅力。

> 感觉我们还是不太合适哈，
> 以后我们可以当朋友呀！

而当她"摆烂"之后，
心态也变得下沉、放松。

她不再苛求时机未到的缘分，
而是专注在热爱的手工上，
一个人也过得舒服、充实。

在这种松弛的状态之中，
她的内心变得开阔、有弹性了。

当一个人越能伸展自己，
他也就越能展现出自身的价值和魅力，
也就越能吸引好的亲密关系。

就像阿铠后来说到的，
他对小雅的第一印象——

她很潇洒大方，
但在照顾小动物上又特别细腻温柔。

> 当时，我一下子就被你这
> 种反差魅力吸引到了。

除了"找到灵魂伴侣"，

这种松弛的心境，
还给小雅带来了很多意想不到的收获。

就比如说"挣钱"这件事，

以前她总是抠抠搜搜的，
把钱当作自己安全感的来源。

她从不舍得做任何投资，

每个月一发工资，
她就规划好要怎么用每一分钱，

把钱花在刀刃上。

就连一条喜欢的裙子，

也是反复看了好多遍还不舍得买，
直到在购物车失效……

后来，她放下了这种"小心翼翼"，
她豁了出去，花大钱给网店做推广，

又狠狠心做了降价的活动。

大不了就倒闭，
去做别的工作。

结果网店吸引了一大批流量，
收益也蒸蒸日上，
她也终于不用再过紧巴巴的日子了。

我想，这给了我们很好的启发。

我们每个人
都可以用"不想要"的松弛心态，
来做好生活中的每一件事。

可能很多人会问：

那要怎么把握好这种心态呢？

有时，我就是会忍不住把事情
看得很重，很害怕做不好。

接下来，
我想从两个维度来分享方法给大家。

首先，是面向自身的维度，
我们可以试着——

扩展选择空间。

要知道，我们渴求的东西背后，
往往都藏着最基本的心理需求。

那么不妨试着摸索
有没有其他方式来满足这种需求。

因为当一个人的选择变多，
那么他也就不会
在某一件事上钻牛角尖。

就像师妹小雅——

她对金钱的过度紧张，
背后是安全感的匮乏。

当她能找到满足安全感的其他方式，
比如伴侣给的爱和照顾时，

她在金钱上的心态
也就更松弛、更流动了。

我自己也有这方面的经验。

学生时代的我，
总会忍不住讨好我的闺密，
努力维系我跟她的感情。

没想到，
矛盾反而越来越多。

后来我想明白了——

我患得患失，
是因为我很需要这段关系
给我带来的"陪伴感"。

当我尝试着找到别的满足
"陪伴感"的方式——

比如多交一些朋友，
养一只猫，
又或者学会自我陪伴……

我也就不再强求对方
一定要留在我身边，
我们的关系反而更自然、更长久。

下一次，
当你在某个事物或某段关系里，
觉察到自己的执着时，
不妨问自己两个问题：

1. 我这么迫切地想得到它，
背后的心理需求是什么？

2. 我还有没有其他选择，
来满足这个需求？

其次，是面向事物的维度，
我们可以有意识地练习——

**注重过程中的体验，
而非结果
或他人的评价。**

我们松弛不了的一部分原因，
是我们总是盯着事情的结果，
总会想：

我有没有获得我期待的成果？

别人对我做的事满意吗？
他会认可我吗？

这些包袱，会让我们越来越执着，
越来越束手束脚。

所以，不如试着把注意力放在过程里。

小航前阵子报名参加市里的模型比赛。

他需要在十天内设计组装出一个作品，然后参与评选。

一开始他很紧张，草稿图删删改改，做了好几版。

在组装时也总是停下来焦虑地问我们：

"这样好看吗？会不会没有创新的感觉？"

"你觉得评委们会喜欢吗？能拿到好分数吗？"

忙活了好久，他自己还是不满意。后来还是老赵说服小航——

"没关系，我们只要玩得开心就好，名次并不重要。"

于是在剩下的日子里，父子俩撒开了玩，一直沉浸在组装模型的成就感里。

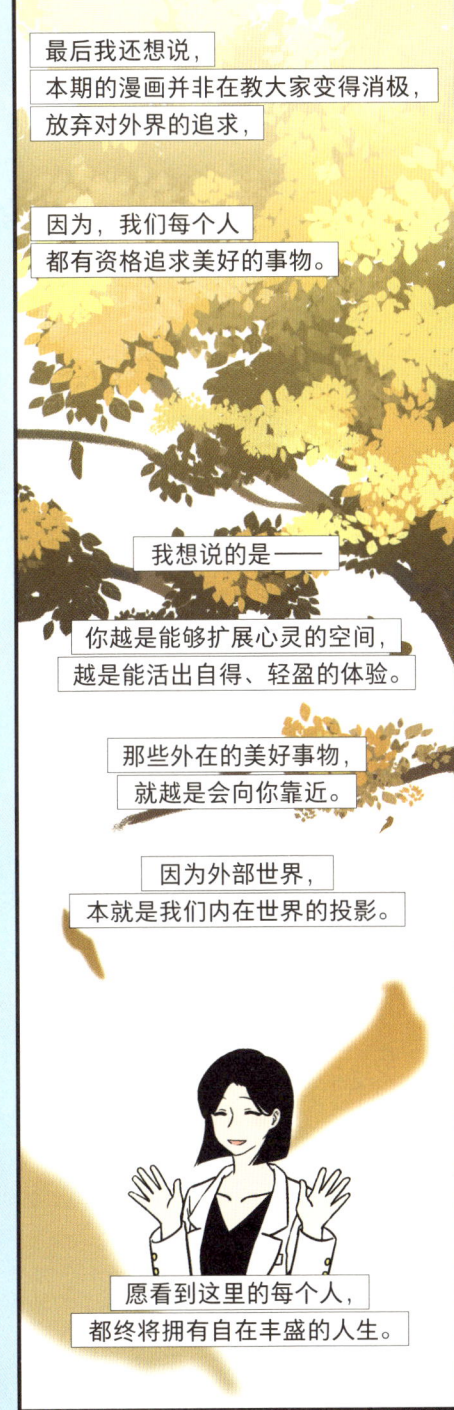

虽然现在还没公布成绩，
但我想，这已经不是重点了。

在这个过程里，
小航体验到的心流和松弛感，
才是最宝贵的收获。

最后我还想说，
本期的漫画并非在教大家变得消极，
放弃对外界的追求，

因为，我们每个人
都有资格追求美好的事物。

我想说的是——

你越是能够扩展心灵的空间，
越是能活出自得、轻盈的体验。

那些外在的美好事物，
就越是会向你靠近。

因为外部世界，
本就是我们内在世界的投影。

愿看到这里的每个人，
都终将拥有自在丰盛的人生。

心理学上有个概念，跟本期漫画的主题不谋而合——"臣服"。

它指的是一种无条件顺应、接纳当下的心态。

它不是行动上的退缩或推脱，而是一种认清自己的局限性，并顺势而为的智慧。

无论是在咨询里还是生活中，我发现其实大家最欠缺的，恰恰是这样的智慧。

很多时候，我们追求完美和极致，对自己极尽严苛和批评，都是因为我们看不见当下的事实，无法原谅一个无能为力的自己。

一旦我们允许这样的智慧流入内心，其实视野也会变得开阔很多。

工作暂时做不好，就先做自己能做的，哪怕只是一个小类目；孩子暂时养育不好，就先体恤自己，觉察自身的局限，看自己是否也需要疗愈；人际关系搞不定，也不用急着非要求个圆满，先让自己放松一点……

当然啦，这需要我们放下想掌控一切的执着，这是非常难做到的。与其苛责自己，不如多体谅一些自己吧。

04 做发自内心认可自己的人

用强调主体感的方式来自我赞美,成为自己,支持自己。

嗨,我是慢慢,一名心理咨询师。

本期想来跟大家聊一聊——

有毒夸奖

前几天,大学同学玲子发了一条生日朋友圈,有句话让我印象深刻——

> 玲玲玲玲子
> 35岁这一年,我最大的成长就是勇敢地拒绝那些让我不舒服的夸奖🎉

不管是在日常生活中,还是心理咨询室里,

我们常常会强调他人的"表扬"或"认可"的重要性。

但相信你也发现了:

有些夸奖,听起来**如沐春风**;
有些夸奖,却让人**很不舒服**。

孩子被爸妈夸——

考得不错啊，再努努力就能门门 100 分了。

女孩被男友夸——

你穿这种显身材的衣服好看，带你出去拿得出手。

员工被领导夸——

我看好你，你就是比其他人能吃苦能加班。

那么，这种不舒服的来源到底是什么？

在和玲子深入地探讨之后，她总结了一句极其凝练的话——

引人不适的夸奖，都有一个共同点：

被夸的人成了"客体"。

什么意思呢？
我想用玲子的经历，来跟大家展开聊聊。

玲子观察到了一个非常有意思的现象：

生活中很多褒奖的词，从来都只会用来形容女性，却很少用在男性身上。

贤惠

文静

顾家

顺从

让人有保护欲

这些词语的背后，其实意味着：

女孩们正在作为一个客体被凝视。

有一次玲子在家里打扫卫生，碰上了好几位亲戚上门做客。

看着她忙上忙下清理茶具的样子，二舅笑着跟她丈夫夸她——

你们家玲子真是贤惠顾家。

哪像我儿媳妇，每天只管工作，一点儿都不着家。

当时她的心里有一股隐隐的不舒服。

但因为对方是长辈，她只能跟丈夫一起笑呵呵地应付。

二舅过奖了,我也只是脑子一热想起来打扫而已。

过后,她一直在反刍这些夸奖的话语,甚至有点反胃、想呕。

还在想二舅的话吗?

唉,他就是随口一夸,你别多想。

因为这让玲子不断回想起:

作为一个女性在成长过程里听到的许许多多不舒服的夸奖。

作为家里最大的女儿,爸妈夸她:

囡囡真懂事听话,从来不会跟弟弟抢玩具。

咱们囡囡真省心,不像邻居家的女娃那么矫情。

作为班级的卫生委员,老师夸她:

真细心呀,做这些琐事还是得女同学靠谱。

当她高中分科时，亲戚都告诉她：

你这么文静，就适合学文科，将来还可以考师范。

可是当身边有女孩读理科后成绩不错时，亲戚又说：

一个女生也能把理科学得这么好，女孩子这么聪明真难得呢！

长大后谈恋爱，如果工作上不如男友，别人会说：

你又美身材又好，便宜那小子了。

你男朋友事业有成，将来嫁给他享清福就可以啦！

如果事业上做得比男友好，别人又会说：

哇，女强人，一个女的能坐到这么高的位子，你男朋友可得加把劲儿了！

在职场里，领导的赞美之言常常很刺耳：

你这么漂亮一女孩，以后男同胞上班有动力了。

而在恋爱关系里，男友的认可和肯定，也让她很抗拒。

要是别的女生都像你一样讲道理就好了。

你又体贴又乖顺，我爸妈就想找一个这样的儿媳妇。

以前的玲子想不明白，自己为何会对这些夸奖如此敏感，

甚至对无法接受别人的好意有些自责，

但这些回忆瞬间堆叠在一起之后，她突然意识到——

别人对她的赞美，并不是以一个"**平视**"的视角，

而是以一个"**俯视**"的视角，

把她当作一个更好使用的"**工具**"，把她"**客体化**"。

什么是"客体化"？之前的漫画提到过很多遍——

它指的是一个人被**工具化**，被**当作某个功能来实现**，又或是被当作权力的下位者，以便**压榨**、**控制**。

那些令玲子不舒服的夸奖背后，其实代表着广大女性正共同经历的客体化困境——

作为一个懂事、乖巧、顺从的"女儿""妻子"被表扬；

作为"白幼瘦""漫画腿""A4腰""纯欲风"被赞美。

你又美身材又好，便宜那小子了。

作为一个婚恋对象、家庭主妇被认可……

还是你有福啊，娶了个省心的老婆。

她们几乎很少被别人以"主体"的身份来夸奖。

就拿"野心"这个词来说，

用来形容男性是褒义词，但用在女性身上常常被视为贬义。

生活中，当一个女生与"野心""事业心""女强人"相联系的时候，往往会跟着一些质疑——

她是不是没有兼顾好家庭？

她是不是用了什么手段上位的？

却很少有人
去真正认可一个女性的——

专业性

工作能力强

总是知道自己要什么

当然，不仅在女性的困境里，
在亲子关系中，
这种客体化的"夸奖"也极其常见。

经常有家长朋友来问我：

我已经很努力去表扬孩子了呀，
为什么他还是没有受到鼓励，
学习没有进步？

其实，我们只需稍稍切换一下
"孩子"的视角。

就能咂摸出父母的夸奖里，
那些变了味的部分。

儿子，你这么聪明，
一定可以考上重点高中为我争光。

父母以为是期许，
孩子感受到的，
却是自己被当成实现愿望的工具。

你看，把头发剪短了多精神多好看，
听妈妈的准没错。

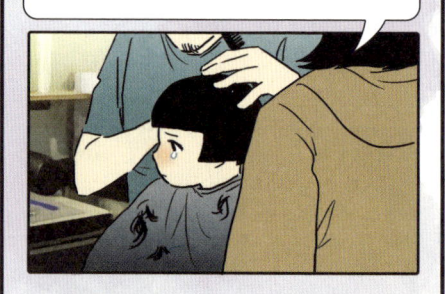

父母以为是赞美，
孩子感受到的，却是"评判"和
"连头发这种小事我都不能自己做主"。

囡囡，你又乖又听话，一点儿都不用我操心，比你弟争气多了。

孩子为了得到父母持久的夸奖和爱，就会配合父母，顺着他们期望的一面发展。

毕竟在孩子身心尚未健全的阶段，他们天然地依赖父母。

对于夸奖背后的评判、控制、剥夺和限制，孩子常常是无力拒绝的。

父母以为是认可，孩子感受的，却是"拉踩"和"负向暗示"。

抬头~

好的。

要乖乖的，好吗？

长期身处"被客体化的有毒夸奖"里，可能会给我们带来两重危害。

①
我们很容易陷入他人的精神控制里

当我们接受了别人的有毒夸奖，
甚至是在期待
"下次夸奖"的到来时，

这就意味着：

我们默许了对方对自己的**客体化**，
我们的价值标准体系
也会一点点地**被对方劫持**。

就像前面提到的，
孩子会为了迎合父母的认可
而不断让渡边界，
任由父母评判、干涉。

我的同学玲子，
过去谈恋爱时也常常遭遇情感勒索。

有一任男友，
经常会夸她在家务方面的勤快、干练。

但每当她分享职场里的小成就时，
对方却总是沉默、不予回应
或故作心疼。

你那么要强，
还要我这个男朋友干什么呢？

为了获得男友的肯定
当时她几乎包揽了所有的琐事——

各种家务活、
照顾男友妈妈、
帮他家人跑腿送东西……

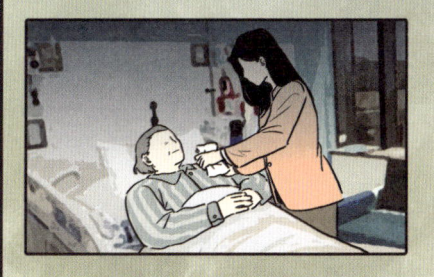

现在回想起来，玲子有一种感觉：

男友的夸奖，
不过是为了让她持续当免费的保姆。

②
第二重危害，是更隐蔽的伤害——
久而久之，
我们会丧失掉主体性，
无法活出自在的人生

正如心理学家
维克多·弗兰克尔所说：

"
一个人充盈的主体感，
是幸福感的前提。
"

长期接受"被客体化的夸奖"，
我们就会习惯待在客体的位置上，

变成一个工具、一个功能、
一个被肆意凝视和控制的角色。

而我们自己，
作为一个活生生的人的**感受和喜恶**，
都被遗忘了。

就像玲子，
花了十几年才想明白——

假如她被认可，
只是因为能当好父母眼里的"乖小孩"，
那么，她宁可不要这些夸奖。

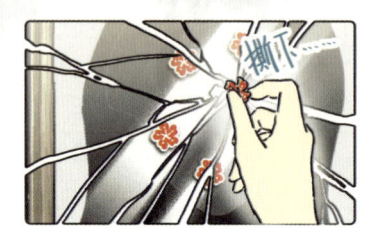

"乖小孩"的代价，
是压抑，是牺牲，
是无法活出自我……

这样的人生一眼望去，
满是自己不喜欢干的苦差。

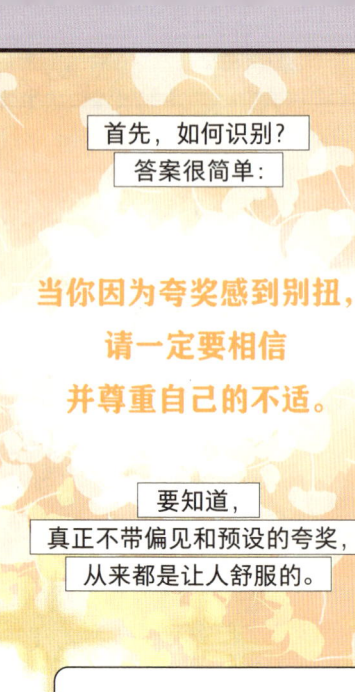

所以啊，我鼓励看到这里的每一个人，
去学会识别和拒绝那些有毒的夸奖。

首先，如何识别？
答案很简单：

**当你因为夸奖感到别扭，
请一定要相信
并尊重自己的不适。**

要知道，
真正不带偏见和预设的夸奖，
从来都是让人舒服的。

你这个项目做得真专业。

你一直都是活力满满的，
好有魅力呀！

可能有人会问：

万一我只是看对方不顺眼，所以嫌弃他的一切，甚至连同他的夸奖也嫌弃，怎么办？

大家不妨试试换位思考，

代入一下——

如果这份夸奖来自你的朋友或家人，你还会有同样的感受吗？

答案就会不言自明了。

其次，如何学会拒绝有毒夸奖？

这里有两个小方法——

①
屏蔽：我听到了，但不往心里去

@*#&
△%·:·

同学玲子，后来每次听到亲戚夸她顾家、贤惠、顺从，

她都会在心里设置一个"屏蔽开关"，告诉自己：

这些是废话，我不必去倾听、理解和回应。

表面上她乐呵呵地笑，实际上心里面自动给这些话语打上了马赛克。

当然，这需要你经常练习，才会熟能生巧。

②
用主体性的自我夸奖，反击回去

这是一个更高阶的做法，也很能滋养我们的主体感。

在电影《穿 Prada 的女王》里，就有这样一幕：

安妮·海瑟薇扮演的女主，之前托一个杂志社主编帮忙找一本书的原稿，

男人后来在时装秀遇到她时，一边说自己被她迷倒，一边还不忘提醒她这个人情——

> 要不是你这么漂亮
> 我当时也不会帮你的忙
> 谢天谢地，我帮你保住了工作

女主笑了笑，坚定地说：

谢谢，我自己也出了不少力。

谢啦，其实我自己也没少出力

这个酷酷的回答，真的让我印象深刻。

短短一句话，
恰恰是对有毒夸奖的有力一击。

在男人的夸奖里，
包含着对 长相的评判，
对女性的职场偏见。

而女主的回应，
则是深深地认可自己的工作能力。

面对"被客体化的有毒夸奖"，
最好的方式就是
用强调主体感的方式来自我赞美。

这样既拒绝了对方，
也强化了自己的价值感。

谢谢，除了长得漂亮，
我觉得我的才华更加闪闪发光呢！

我们每个人都可以试着在生活中
学会夸奖自己。

这些夸奖，
不来自你身上的 某个功能；

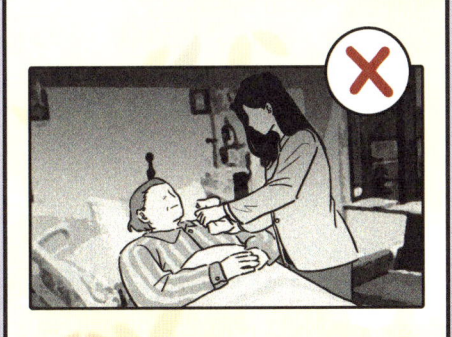

不来自你扮演的某个 社会角色——
妻子、母亲或儿子；

241

更不来自你乖巧、体贴、懂事等
"宜人性"的部分；

而在于——

**你怎么发自内心地
认可自己？**

我新染的头发真好看。

我有一颗柔软、
敏感的心，
它让我感受到更多情感。

我的审美一流。

我很勇敢。

我觉得自己闪闪发光。

最后，祝愿大家在新的一年，
都能带着主体感，拒绝有毒夸奖。

因为这漫长的一生里，
最重要的一件事，
就是成为你自己、支持你自己。

不只是夸奖，很多听起来不舒服的话，根源都是对方把我们当成了"客体"。

这样的话语背后，不存在两个平等的人，只有一个人和他想实现的某个目的。

那如果想真心夸一个人的话，该怎么做呢？或者说，如何开启好的、真实的对话？

我想，也许我们首先需要学会一个能力：尊重。

"尊重"意味着我们把对方放在一个平等的位置上，我们所给予的赞美和认可，都是用平视的视角进行对话的。

在一段彼此尊重的关系里，"权力结构"并不会影响到两人之间的情感交流。

就好像生活中我们能看到，有的亲子交流总是很温馨；有的爸妈和孩子之间，哪怕说的都是好话，但听起来依然很刺耳。这当中的区别正在于——父母是尊重孩子，还是把孩子当成一个工具来碾压、控制、管束？

其实，有效的情感增益，都发生在主体与主体之间的交流里。

你越是能用一种平视的心态去赞美对方，就越是能收到对方积极温暖的回应。

05 "我"比世间万物都要"大"

减少对自己的期待，增加对自己的信任，允许一切如其所是。

嗨，我是慢慢，一名心理咨询师。

我发现，有不少朋友斗志满满地给自己列了新目标，

但又总会担心，

再怎么努力都没用 很多事最后还是做不成……

我想说，没完成目标、没做成事，

很多时候不是因为"努力"的不足，而是心态上的匮乏。

所以，我采访了身边那些运气好、能量高的——

"心态富人"

总结了他们身上不同于常人的三种心态，在这里也分享给大家。

NO.1

"我"比世间万物都要"大"

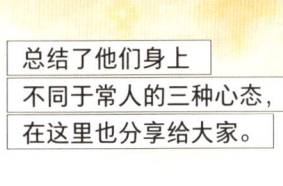

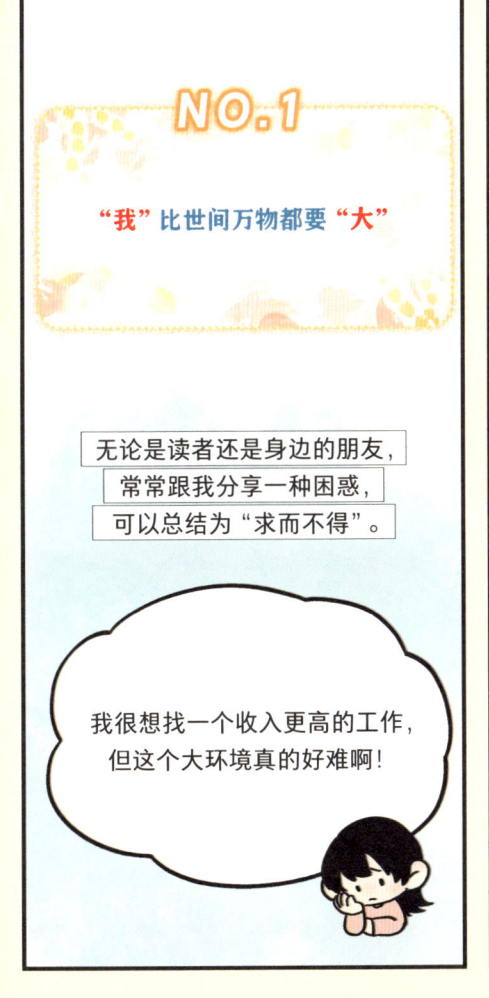

无论是读者还是身边的朋友，常常跟我分享一种困惑，可以总结为"求而不得"。

我很想找一个收入更高的工作，但这个大环境真的好难啊！

考研三战了，今年想再试一次，为什么别人都能上岸我就不能？

太想谈恋爱了！！但我已经母胎单身25年了，感觉没希望了……

甚至很多人慕名去学了"吸引力法则"，却发现一点儿都不奏效。

发大财发大财，请让我这个穷鬼发大财……

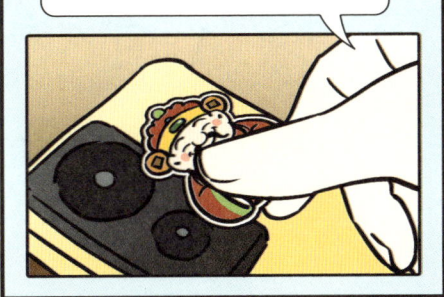

不知道大家有没有发现，
这些困惑，
背后都是同一个逻辑——

表面上，我很想要，
内在却坚信自己还不配。

在这个逻辑里，
目标是巨大的、遥不可及的；
而自我则变成渺小的、虚弱不堪的。

年薪百万

买房

甜蜜的婚姻

减到 90 斤

这会导致一个什么问题呢？

我想引用一位博主 @待续 的观点，
来给大家解释——

月亮绕着地球转，
是因为地球的质量大于月亮；

地球绕着太阳转，
是因为太阳的质量大于地球；

大的东西，
总能吸引小的东西围绕着它转。
这就是宇宙的法则。

我们的"自我"和"目标"，
也是这样的关系。

当我们觉得目标很大，
自我很小的时候，
就会被目标所控制，被牵着鼻子走。

比如，我们会为了多涨一点工资，
加班加点，过度透支自己的身体。

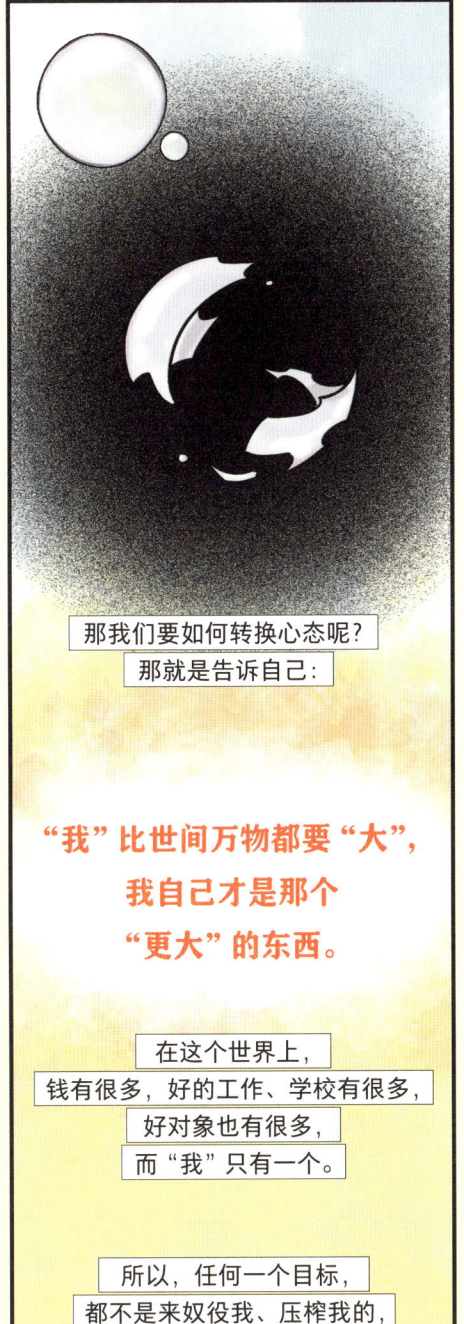

比如，我们会为了赶紧考研上岸，接受调剂，去自己不喜欢的专业。

比如，我们会为了留住一段亲密关系，委屈自己，讨好对方，甚至被精神控制。

但这些努力，往往并不奏效，反而让我们离想要的目标越来越远。

那我们要如何转换心态呢？那就是告诉自己：

"我"比世间万物都要"大"，我自己才是那个"更大"的东西。

在这个世界上，钱有很多，好的工作、学校有很多，好对象也有很多，而"我"只有一个。

所以，任何一个目标，都不是来奴役我、压榨我的，而是来服务我的。

当我们有了这种心态，无论是学习、工作，还是社交，都会变得很不一样。

比如，当朋友小敏意识到，她想要的"好工作"，是可以让她阅历更丰富，学习更多技能点的工作时，

她才终于有勇气摘下"便利贴女孩"的标签，拒绝同事和领导丢过来的重复又琐碎的工作。

> 这些资料我没时间帮你整理，你自己搞定哈！

她给自己留出更多学习的时间。

在更有挑战性的机会面前，也敢大胆去争取和尝试。

大老板

> 头儿，那个外派韩国的机会我想争取一下～
>
> 刚好我今年一直在学韩语，基本工作沟通都没问题

而且，她还花时间把自己在职场上的转变经验，一一整理出来，分享在网上，还吸引了不少粉丝。

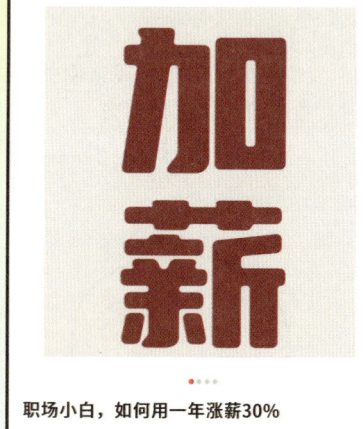

加薪

职场小白，如何用一年涨薪30%

💬 说点什么... ❤️ 2.8万 ⭐ 2.9万 💬 1015

所以，如果此刻的你，也正在为某个目标苦苦努力，却一直求而不得——

或许，你可以停下来告诉自己：

我比世间万物都要大。

我比这个目标更大、更重要。

接着，再好好整理一下：
"我"为什么想实现这个目标？
这个目标又是怎么服务于"我"的？

我相信这样的心态，
会让你感受到前所未有的力量。

NO.2

少一点纠结
"为什么对方会这么做"

多问问自己
"为什么我会这么在意"

每次聊到亲密关系，
我最经常被问到的一个问题就是：

"
为什么对方会这么做？
"

为什么他帮着他妈妈说话，
却不帮我？

为什么她总想着改造我?

为什么他这么做
我就会高兴?

为什么他总是不回消息?

为什么他那么做
我就会难过?

甚至有一些来访者会问我,
能不能带伴侣一起来,
让我帮忙去质问和说服对方。

来访者阿梨
曾经因为丈夫不够上进,
自己抑郁了一年多。

这自然是无法做到的。
无论是在咨询室内,
还是在日常关系里,

在我们的咨询里,
每次的讨论重点,
几乎都是她老公的工作问题。

大部分的关系难题,
最后还是要回归自身。
请多问问自己:
为什么我会这么觉得?

他们公司有一个项目要去另一个城市三个月，提成很高的！

但他竟然婉拒了领导的举荐！

天天陪着我，我就高兴了吗？

有时候，她觉得是老公不够爱她，不够重视他们的婚姻，所以才没有什么担当和上进心。

有时候，她又觉得是老公的养育环境太宽松，让他从来不争不抢、得过且过。

……

但这些努力和纠结，不仅没有成功"改造"对方，反而让他们的关系越来越僵。

！

直到有一次，我问阿梨：

你们的婚姻生活，会因为老公不够上进而遇到什么经济问题吗？

那倒也没有，可是人要未雨绸缪啊！

那当他没有未雨绸缪的时候，你心里是什么感觉呢？

一方面，我觉得很不安；另一方面，我很生气！

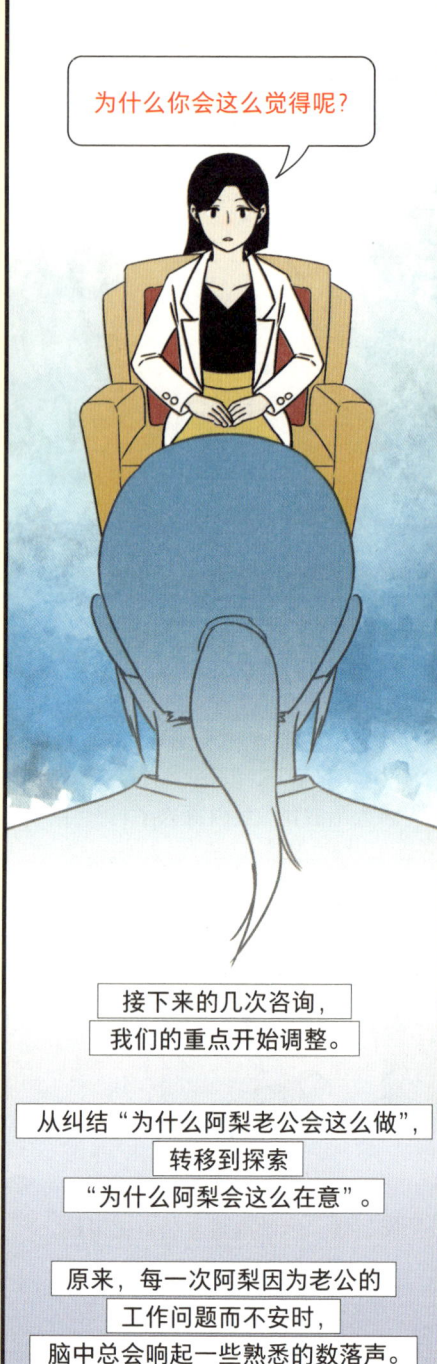

为什么你会这么觉得呢？

接下来的几次咨询，我们的重点开始调整。

从纠结"为什么阿梨老公会这么做"，转移到探索"为什么阿梨会这么在意"。

原来，每一次阿梨因为老公的工作问题而不安时，脑中总会响起一些熟悉的数落声。

成绩这么差，我养你有什么用？下次考不进前五，你就滚出家门！

刚上初中成绩就下滑，长大了可怎么办？只能去捡破烂咯……

从小到大，
这种"威胁"从学习蔓延到工作，
甚至蔓延到阿梨的亲密关系。

不够好的成绩、不够好的工作、不够好的伴侣，
对阿梨来说，都是威胁。

那种不安的情绪，
每次一出现就无法控制，
所以她只能"就近"投射到老公身上。

至于不安之后
升腾而起的愤怒情绪，
则是一种深深的羡慕和嫉妒。

凭什么别人想休息就休息，
凭什么我不可以！
我为什么要把自己逼得这么紧！

小时候，
她羡慕和嫉妒不用补课的邻居和同学，
即使一两次考砸，也没有关系。

而现在，
她羡慕和嫉妒可以慢慢来的老公，
他有自己的节奏，
不让自己被工作占满。

这些都是她从未被允许的。

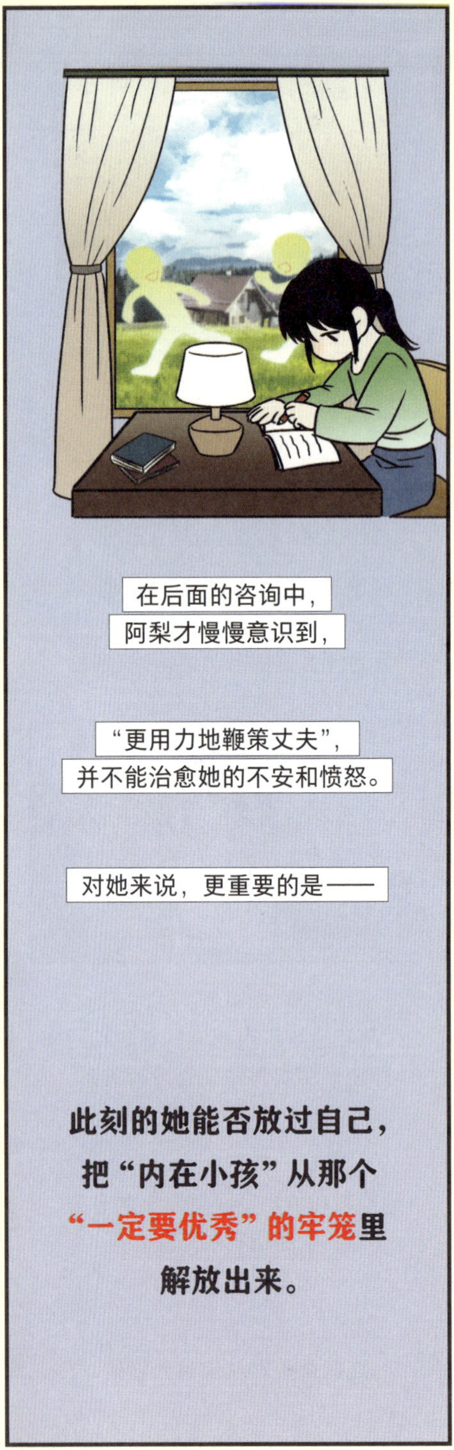

在后面的咨询中，
阿梨才慢慢意识到，

"更用力地鞭策丈夫"，
并不能治愈她的不安和愤怒。

对她来说，更重要的是——

此刻的她能否放过自己，
把"内在小孩"从那个
"一定要优秀"的牢笼里
解放出来。

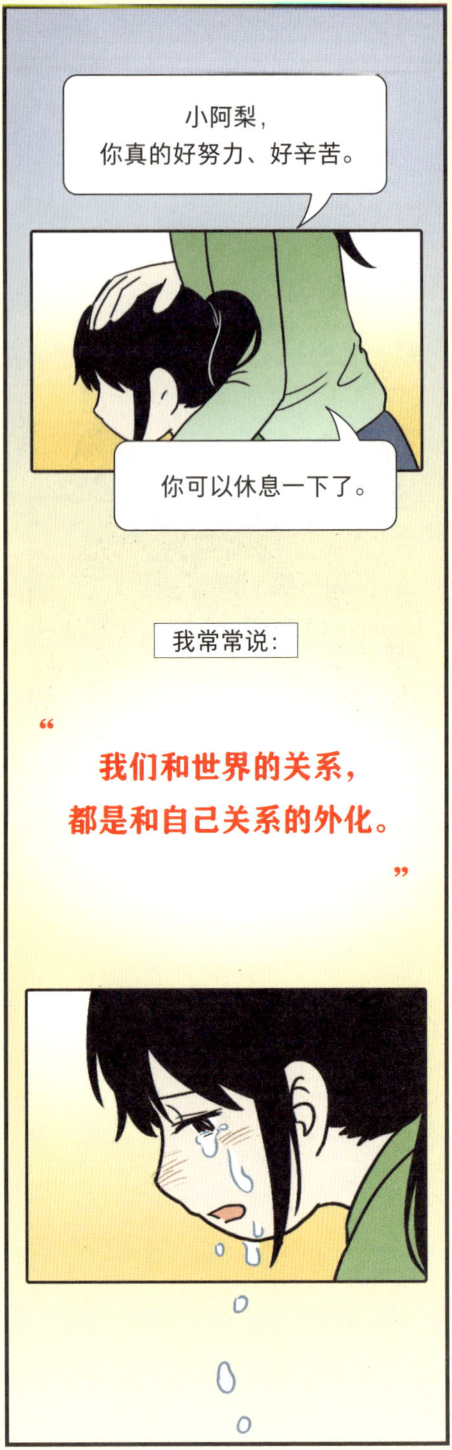

小阿梨，
你真的好努力、好辛苦。

你可以休息一下了。

我常常说：

"
**我们和世界的关系，
都是和自己关系的外化。**
"

少一点纠结
"别人为什么会这么做";
多一点关心
"我为什么会这么在意"。

我们和他人的关系会更加清爽,
而我们和自己的关系,
也才有机会得到疗愈。

NO.3

**你可以控制的很少
但你能体验的很多**

朋友麦麦,
现在是我身边
数一数二高能量的朋友。

感觉任何事情,
只要她想做,就一定能做成。

这种活力四射、毫无内耗的状态,
让人忍不住靠近她。

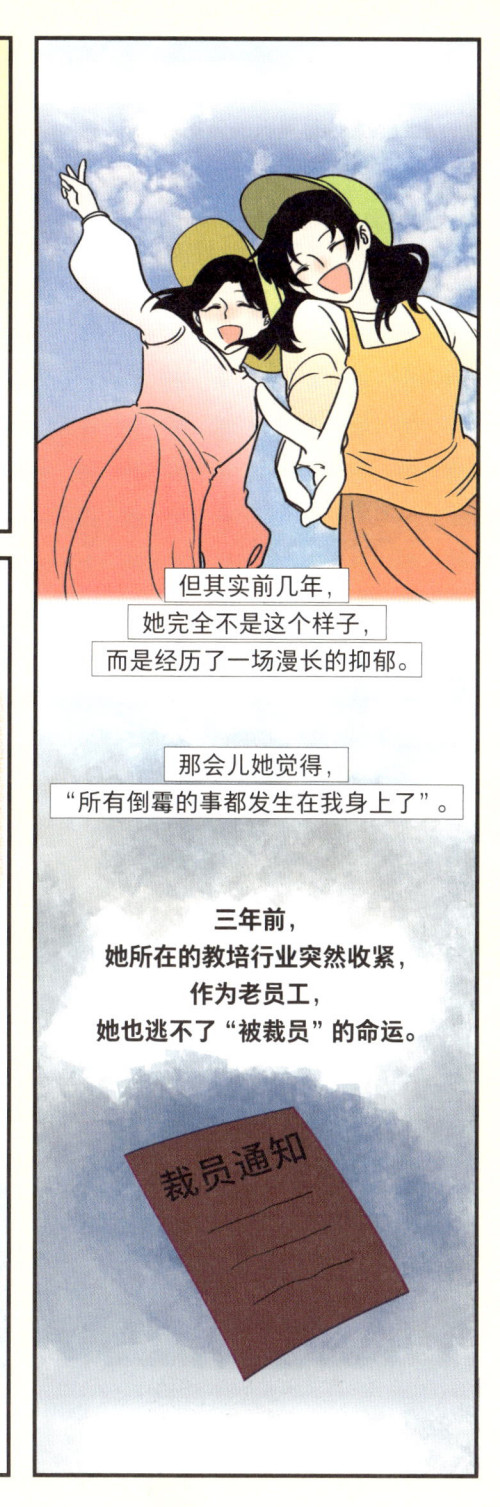

但其实前几年,
她完全不是这个样子,
而是经历了一场漫长的抑郁。

那会儿她觉得,
"所有倒霉的事都发生在我身上了"。

三年前,
她所在的教培行业突然收紧,
作为老员工,
她也逃不了"被裁员"的命运。

裁员通知

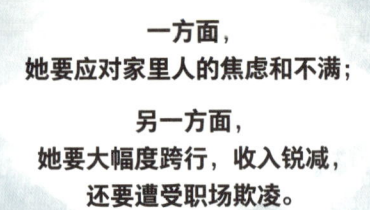

一方面，
她要应对家里人的焦虑和不满；

另一方面，
她要大幅度跨行，收入锐减，
还要遭受职场欺凌。

妈妈：女儿啊，这个月家里生活费怎么少了2000块？

领导：你这个年龄才开始学，不加班怎么能行？

在她为了生计焦头烂额之时，
谈了四年多的男友，
突然跟她"断崖式分手"。

而她养了七年的猫，
也在搬家颠簸时，产生应激反应，
突发急性肠胃炎去世了。

她抱着小猫，
感受它的体温慢慢消失，
那一刻她终于崩溃了。

她觉得自己的世界
在短短的两年里，彻底失控了。

明明我已经很努力了。

但我什么也改变不了……

这种失控的感觉，让她陷入抑郁，
进入了人生的至暗时刻。

她花了很多时间，去做心理咨询。

她一直在向咨询师哭诉，
探讨"如何才能找回掌控感"。

但我什么也改变不了……

到底有什么办法，
能让我乱七八糟的生活好起来？

她也花了很多钱去上各种课，
学各种技能，
让自己更有力量，可以掌控生活。

但这除了让她精疲力尽，
似乎并不奏效。

后来呢？你找到了掌控感吗？

没有……我放弃了，
因为我的咨询师跟我说：

**你可以掌控的很少，
但你可以体验的很多。**

一开始很难，
麦麦觉得咨询师"站着说话不腰疼"。

但她又不得不承认：
很多事情的发生，
自己就是无法掌控。

她只能一遍一遍告诉自己：
"你可以掌控的很少。"

然后，把自己的注意力集中在
"我可以体验什么"上。

她重新领养了一只猫，
放下"反正最后它也会离开我"的念头，
去听小猫的呼噜，
去轻抚小猫肚皮上的绒毛。

她开始重新去社交，去认识新的人。

不再审视对方是否合适结婚，
而是去感受和对方聊天开不开心，
一起吃饭胃口好不好。

她还爱上了滑雪——
这项她曾经觉得最危险、
最容易失控的运动。

去认真学习推坡、换刃，
去感受风和速度。

在这些体验里，
她也经历过失望、受伤。

但她给自己做了一本"体验手账"，
把这些起起伏伏的状态，
通通写了进去。

后来翻看，
觉得这些都是我的人生财富。

现在的麦麦，
离开了一直消耗自己的互联网公司。

不再"安稳打工"，
而是和几个朋友一起创业，
收入也比之前翻了两三倍。

或许，这也是失控给她带来的好处。

我也不知道接下来会发生什么，
总之先体验着，不行再说呗！
反正我有办法解决的！

其实，生活就像坐车，
总会有起伏转弯。

当我们过度执着于"掌控感"，
紧张地控制自己的身体，
反而更容易晕车。

只有放松下来，
允许身体随着车子的节奏摆动，

你才会明白——

那些起伏和转弯、增速和降速，不是危机，而是人生体验。

在人际关系里，如果你的边界总是被入侵，总是背负他人的命运，那就试着做这样的转变——

从"我要拯救他"变成"我允许他人受苦"。

在自我成长中，如果你总是磕磕绊绊，遇到各种阻碍，也可以这样转变观念——

从"为什么倒霉的事总是发生在我身上"变成"我从这件事可以学到/收获什么"。

在社会洪流中，如果你总是被人潮推着走，被"社会时钟"逼迫着去买房、结婚，试着告诉自己：

"这些很好，但我不要！"

不管是朋友们还是我自己，每次念出这些话或者转换一下角度，总有一种打通任督二脉的感觉。

因为绝大部分的痛苦，并不源于现实层面的问题，而在于我们一边不断给自己很多高期待，一边又不断质疑自己本来的价值。

试着从每一件大大小小的事上，减少对自己的期待，增加对自己的信任。

毕竟这漫漫长路上，始终都在的旅伴，只有自己。

06 如何"具体"地爱自己

用积极的自我暗示激发内心潜在的力量,从而成为更好的自己。

嗨,我是慢慢,一名心理咨询师。

过去我们经常聊"爱自己",鼓励大家自我肯定、自我关怀。

很多读者都反馈说:

问题是,我不知道该如何"具体"地爱自己。

最近,我在网上看到一个很有意思的说法——

"旺自己"

我要旺!

简单来说,就是滋养好自己的磁场。

那么,美好的事物也会源源不断地被你吸引过来。

在我看来，这是一种更实在的、可操作性更强的方式。

接下来，我就来分享四句"旺自己"的咒语。

它们源自我这些年来的咨询观察，以及我个人的成长经验。

每当我陷入焦虑，感到颓丧、浑身没有能量时，它们总是能帮我快速走出来。

希望这四句话也能帮你"旺"起来。

NO.1

"凡所发生，必有利于我"

我们每个人都需要形成一种"盲目自信"——

相信生活中发生的一切，最终都是对我有"好处"的。

我第一次有这样的转念，是在一段很倒霉的日子里。

那会儿我刚当上实习咨询师，做啥都不顺。

工作上，接连有好几个来访者在做了一两次咨询之后，就主动中断了咨询。

张女士说不想预约您下次的咨询了，她找了别的机构。

这让我很受挫，反复怀疑自身能力是不是不够，自己是不是太差劲了。

生活上，因为装修的问题，我每天都要跟装修公司、工人、物业来回掰扯。

有时连一个简单的飘窗尺寸问题都能搞错，这让我变得莫名烦躁。

连带着老赵也被我拿来撒气，我们俩也因此常常吵架，关系变得很紧张。

那段时间，我头顶就像有一团乌云，去哪儿都散发着丧气。

直到后来，我的督导讲了一段话，给了我全新的视角——

发生在你身上的事，不是来否定你或限制你的，而是来引导你和帮助你的。

比如你和来访者的咨访关系剥落，不是在说你太失败了，

而是在提醒你、教会你一些东西。

当我顺着督导的思路去思考时，我有了一些新的收获。

比如，我对比了两个同样是初中生厌学的来访案例。

我发现小A主动中断咨询，

也许是她正在用这种方式，表达对父母的"反抗"和对"主权"的"捍卫"——

她是被父母逼着走进咨询室的。

> 老师您帮我看看，这孩子到底是咋了，天天不去上学！

而小B有持续咨询的动力，则可能是因为她母亲陪着她一起来的。

在咨询里，妈妈也一直有跟她讨论和沟通。

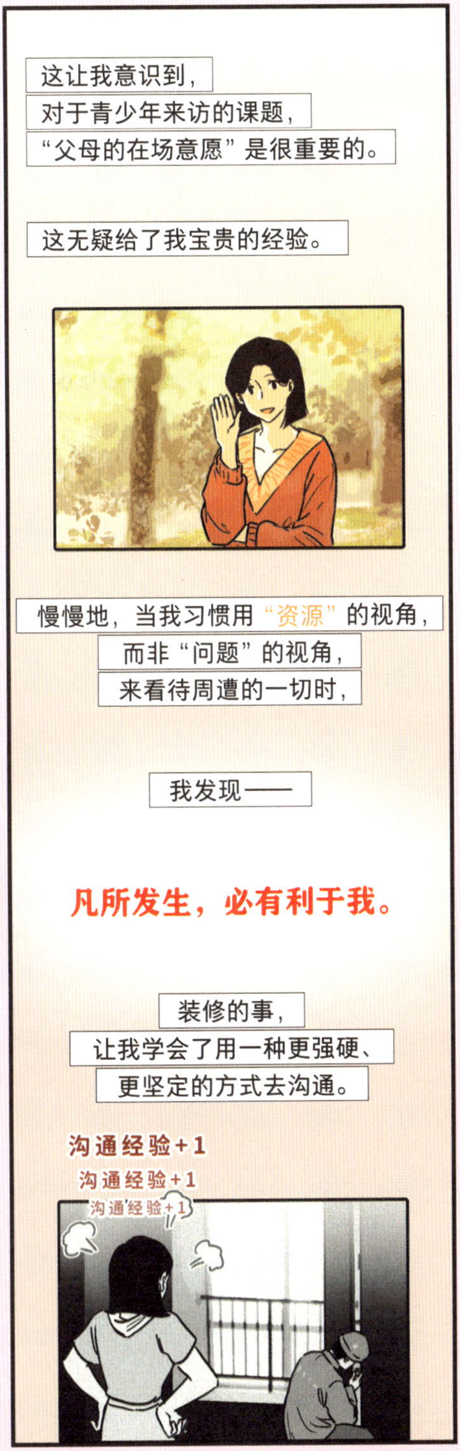

这让我意识到，对于青少年来访的课题，"父母的在场意愿"是很重要的。

这无疑给了我宝贵的经验。

慢慢地，当我习惯用"资源"的视角，而非"问题"的视角，来看待周遭的一切时，

我发现——

凡所发生，必有利于我。

装修的事，让我学会了用一种更强硬、更坚定的方式去沟通。

沟通经验+1
沟通经验+1
沟通经验+1

和老赵吵架，
是在引导我学会合理疏导情绪，
而不是一直压抑它。

正确疏导情绪经验+1

正确疏导情绪经验+1

后来，每当我遇到难搞的问题时，
都会先在心里默念几遍：

凡所发生，必有利于我。

我立马就能沉静下来，没那么恐慌了。
然后再问问自己：

发生这种事，

是想在什么方面启发我、帮助我呢？

看到这里的你，
也可以尝试多念念这句话。

当你有一种
"一切都是在获得"的心态时，
整个人的状态都会变得松弛起来。

处事得心应手了，
自然也会觉得事事顺心、好运连连。

NO.2

"那又怎么样？"

别看它只有短短几个字，但它背后可是心理咨询最常用的技术——

"暴露疗法"

当人看不清恐惧和焦虑的样子时，往往会觉得它很庞大，会在想象层面被它唬住。

而一句"那又怎么样"，就是把焦虑具体化的最直接方式。

来访者J女士，说自己是"易焦虑体质"。

生活中一点点可能发生的"坏事"，都会让她忧虑得坐立难安、茶饭不思，有时甚至会连续失眠。

要做工作汇报了，过几天还要去做催眠。

体检报告有几个异常数字。

就拿每次过节回家的事来说吧。

她只要一收到妈妈的信息，就开始紧张了。

囡囡，你买的几号的车票啊？

后来在咨询里，我就问她——

回家又会怎么样呢？

唉，我好怕回家被催婚……

于是我继续问——

催婚又会怎样呢？

催婚的话，亲戚朋友七嘴八舌的，我应付不过来。

场面会弄得很尴尬。

尴尬又会怎么样呢？

我可能会直接走开，爸妈过后就会骂我，唠叨个不停。

骂你又会怎样呢？

问到这个问题时，
J女士低头思考了一会儿，
然后说——

> 好像……也不会怎么样，
> 反正我一年也没回几次家。

> 骂就骂吧，我脸皮厚点不就行了。

这样一轮问答下来，
原本郁闷的她脸上终于有了笑容，
也逐渐释怀了。

后来在咨询室里，
我经常带着她一起
做"那又怎么样"的练习。

那个她以为
过不了的执业资格考试——

那段她害怕因为不再讨好，
就走散的友谊——

还有那些她在当下
觉得比天还大的烦恼——

都在一次次的"发问一回答"里，
变得没有那么可怕了。

你看，这正是这句咒语的魔力所在，

它能帮我们拆解、
推演问题背后的东西，
一层层地拨开恐惧和焦虑。

问题被拆解前

问题被拆解后

当它们变得越具体，
我们的心态就会越平和，
也越有能力去应对。

就像武志红老师说的：

"
让焦虑落地，
就是应对焦虑最好的方式。
"

NO.3

"我只需要往前推进一点点，
就很厉害了。"

这句话来自一本我很喜欢的书
——《打开心智》。

作者李睿秋提到：

许多时候，
困扰我们的不是要做的某件事本身，
而是"我要做的事情太多了"
这个想法。

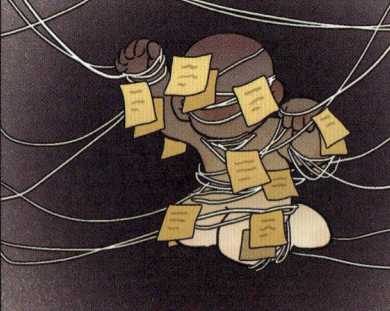

问题一个叠一个，
形成一张密密麻麻的网，
让大脑感到疲惫，启动性变差。

而我们还常常会苛求自己：

"**我一定要一口气就把事情都做完。**"

这样的苛求和压力，反而导致了人的拖延。

我在种小番茄的时候，就有过这样的体验。那时我总想着——

> 我要一步到位。
>
> 从买种子、播撒到培育，要在三个月内就结出甜美的果实。

但是一旦开始，就发现要准备的东西、要注意的细节实在太多了。

种子怎么筛选？

用多大的盆来培育？

多久浇一次水，施一次肥，松一次土？

要保证怎么样的光照？

要不要定期剪枝？

加上那段时间因为工作量增多，一想到这些事，我就提不起力气去做。

以至于种子买来后，放了两个多星期都没动过。

我宁可每天下了班，躺在沙发上刷短视频、看电视，也不愿动手。

每次在阳台看到准备好的、空荡荡的花盆，我都忍不住责怪自己：

我真是太懒了，一点意志力都没有！

再这样下去，还能做成什么事！

后来还是老赵给了我启发，
他先是问我：

如果你把"种番茄"简化再简化，
简化到最直接的程度，
那么要做什么？

于是我想到了，
至少我可以先用湿纸巾包裹种子，
给它几天的时间催熟。

等到种子发出嫩芽时，老赵说：

你看，种子能发出芽了，
已经很厉害了。

后来等我继续推进，
他又一直鼓励我：

长出叶子了，你真棒！

终于开花了，真不容易啊！

结出小番茄了，你太牛了！

没想到就这样，
一小步一小步地推进，
我最终种出了可口的小番茄。

这个过程给了我很大的触动。
其实生活中的很多事情都是如此。

当我们不断地要求自己——
"我要一步到位做好"，
反而会被困住。

小奶试着告诉自己：

" **我只需要往前推进一点点，
就很厉害了。** "

> 我只要把项目报告写完一页，
> 就很厉害了。

> 遇到感情矛盾，我只要主动
> 跟对方表达就很勇敢了，
> 能不能解决再说。

> 我只要每天保证充足的水分
> 摄入，我就做得很好了。

如此一来，

我们既可以清晰地感到
"我正在向前推进"，
从而获取正反馈；

同时，
又能减轻大脑的负担，轻装上阵。

NO.4

"体验而已。"

我曾在漫画里，
分享过一个"游乐场理论"——

**人生就像玩游乐场，
一切的一切，
都是为了体验而已。**

在咨询室里，
我见过许许多多受苦的来访者。

在某个当下，
痛苦、愤怒、悲伤的情绪，
解不开的困扰，

就像把生命之流挡住了，
让他们卡在原地动弹不得。

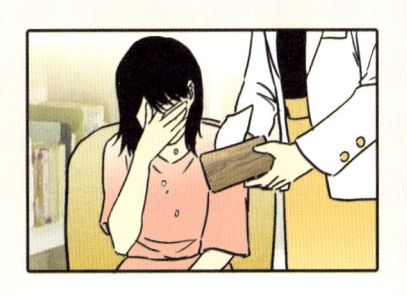

这时，我总会引导他们——

**去允许和观察体验的发生，
而不是评判自己。**

比如，和前夫复合两次，
却又遭出轨的王女士，
起初总在自责——

我就是心软懦弱。

可能我是吸渣体质吧。

我就是在故意搞砸自己的生活！

后来，
我引导着她一遍遍自我暗示——

复合了，体验而已。

又被背叛了，体验而已。

夜里反复痛哭，体验而已。

此刻提不起力气好好工作，体验而已。

看到这儿，也许你会纳闷：

这一点都不重视问题啊，
这么消极，能变好吗？

但恰恰是对"问题"的淡视和允许，
让王女士不再那么恐慌，
也停止了自我攻击。

逐渐从"体验"里，
深深地探索到了自己的需要。

因为父母婚姻的不幸，
她一直在重复母亲被背叛的模式。

伴侣那些忽冷忽热、糟糕的对待，

都是她潜意识里最熟悉、最想重温的童年场景。

神奇的是，当她允许内在的需求被满足、允许体验发生时，

她反而逐渐地走出了旧的模式。

她鼓起勇气和前夫提了离婚，没有再回头。
也开始试着去接触那些真诚、成熟的男性。

所以我想跟大家说的是，

当你遇到某个快要把自己压倒的问题时，记得提醒自己：

"**体验而已。**"

只有这样，我们才能不被问题吓倒，停止对自我的一切评判。

当平静地允许体验发生时，
也许，你会想出解决问题的方法。

我知道这个项目的问题要怎么解决了！

也许，
你会惊喜地发现问题自己消失了。

你爸没事，就是误诊，今天重新做了报告，没事了，别担心。

也许，
你还会发现问题里藏着"需要"，
藏着你需要疗愈自己的部分……

而这些，正是"体验"之于我们的意义。

我最近很喜欢的一期播客，主题叫"让万物穿过自己"。

作者有一段话，我想用来作为结尾：

"
谁都会有感到沮丧痛苦的时候，
这种时候你只需要做到'在场'，
既不把生活推开，
也不与生活过度纠缠。
"

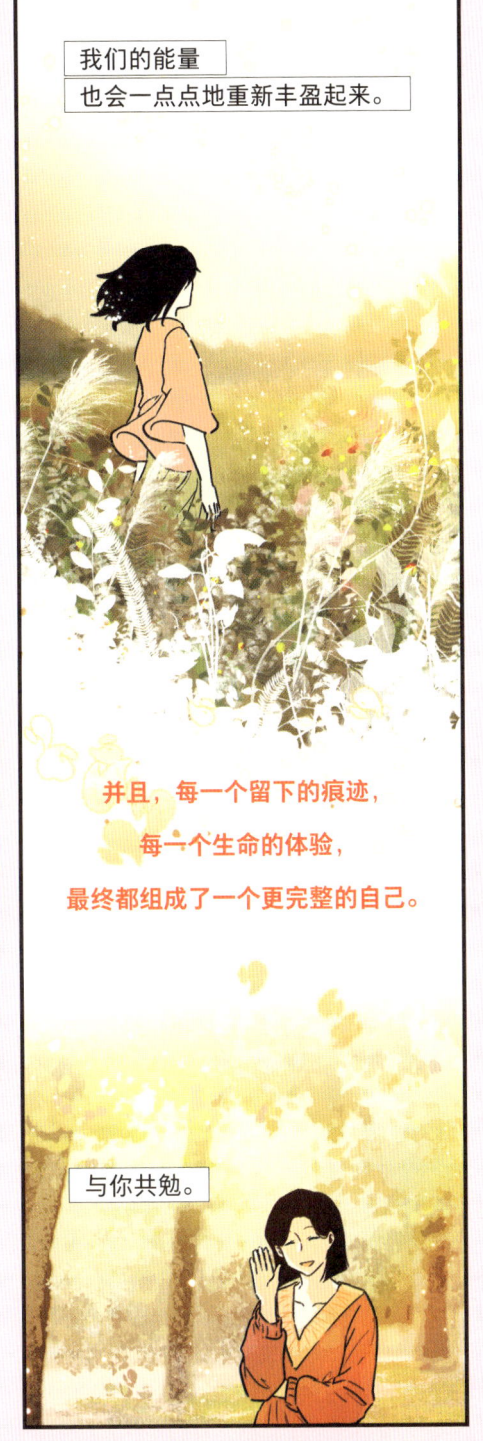

当允许万事万物在自己身上留下痕迹，而不对抗时，

复合了，体验而已，

又被背叛了，体验而已。

夜里反复痛哭，体验而已。

此刻提不起力气好好工作，体验而已。

我们的能量也会一点点地重新丰盈起来。

并且，每一个留下的痕迹，每一个生命的体验，最终都组成了一个更完整的自己。

与你共勉。

在《5% 的改变》中，李松蔚老师提到过一个促成改变的方法：**改写故事**。

"任何处于困境中的人，都有某种程度的选择权：'问题'只是一种主观建构，是若干个故事版本之一。"

当我们认定了眼前的困境是"问题"时，我们很容易给自己安排一个受害者的剧本。

然而，在感到虚弱、丧气、颓靡不安时，这些"旺"自己的话语，其实就是在暗示自己——

困境除了是"问题"，还可以是一个机遇、一段体验、一个过程……

它提醒我们，可以尝试改写眼前的困境，在脑海中创造另一个版本的故事。

这是一个我不停受苦、受困的故事，还是一个我从困难中获益，不断了解自己，在体验中重生的故事？

当你学会改写自己的人生故事，你会发现，其实你拥有的选择和空间，远比某个固定脚本、固定角色带给你的多得多。

— 全书完 —

我喜欢这样的自己

作者 _ 徐慢慢心理话

产品经理 _ 李谨　　装帧设计 _ 杨双双　　产品总监 _ 岳爱华
技术编辑 _ 白咏明　　执行印制 _ 刘世乐　　策划人 _ 王誉

营销团队 _ 毛婷　魏洋　张艺千　成芸姣

鸣谢（排名不分先后）

陈曦　何月婷

果麦
www.guomai.cn

以 微 小 的 力 量 推 动 文 明

图书在版编目（CIP）数据

我喜欢这样的自己 / 徐慢慢心理话著绘. -- 杭州：浙江文艺出版社, 2025.3. -- ISBN 978-7-5339-7863-1

Ⅰ. B84-49

中国国家版本馆CIP数据核字第2025YG7657号

我喜欢这样的自己
徐慢慢心理话 著绘

责任编辑　金荣良
产品经理　李　谨
装帧设计　杨双双

出版发行　浙江文艺出版社
地　　址　杭州市环城北路177号　　邮编 310003
经　　销　浙江省新华书店集团有限公司
　　　　　果麦文化传媒股份有限公司
印　　刷　天津裕同印刷有限公司
开　　本　875毫米×1240毫米　1/32
字　　数　92.5千字
印　　张　9.25
印　　数　1—30,000
版　　次　2025年3月第1版
印　　次　2025年3月第1次印刷
书　　号　ISBN 978-7-5339-7863-1
定　　价　59.80元

版权所有　侵权必究
如发现印装质量问题，影响阅读，请联系021-64386496调换。